Peter Carstensen

Investitionsrechnung kompakt

Peter Carstensen

Investitionsrechnung kompakt

Eine anwendungsorientierte Einführung

Bibliografische Information der Deutschen Nationalbibliothek
Die Deutsche Nationalbibliothek verzeichnet diese Publikation in der
Deutschen Nationalbibliografie; detaillierte bibliografische Daten sind im Internet über
<http://dnb.d-nb.de> abrufbar.

Professor Dr. Peter Carstensen ist Modulverantwortlicher und Dozent an der Berufsakademie der Wirtschaftsakademie Schleswig-Holstein für die Fächer Investition, Finanzierung, Controlling und Bankmanagement.

1. Auflage 2008

Alle Rechte vorbehalten
© Gabler | GWV Fachverlage GmbH, Wiesbaden 2008

Lektorat: Jutta Hauser-Fahr | Walburga Himmel

Gabler ist Teil der Fachverlagsgruppe Springer Science+Business Media.
www.gabler.de

Das Werk einschließlich aller seiner Teile ist urheberrechtlich geschützt. Jede Verwertung außerhalb der engen Grenzen des Urheberrechtsgesetzes ist ohne Zustimmung des Verlags unzulässig und strafbar. Das gilt insbesondere für Vervielfältigungen, Übersetzungen, Mikroverfilmungen und die Einspeicherung und Verarbeitung in elektronischen Systemen.

Die Wiedergabe von Gebrauchsnamen, Handelsnamen, Warenbezeichnungen usw. in diesem Werk berechtigt auch ohne besondere Kennzeichnung nicht zu der Annahme, dass solche Namen im Sinne der Warenzeichen- und Markenschutz-Gesetzgebung als frei zu betrachten wären und daher von jedermann benutzt werden dürften.

Umschlaggestaltung: Ulrike Weigel, www.CorporateDesignGroup.de
Druck und buchbinderische Verarbeitung: Krips b.v., Meppel
Gedruckt auf säurefreiem und chlorfrei gebleichtem Papier

ISBN 978-3-8349-1220-6

Vorwort

An dieser Stelle möchte ich einer Reihe von Personen meinen Dank aussprechen, ohne die dieses Buch nicht entstanden wäre.

Mein Doktorvater, Herr Professor Dr. Andreas Drexl von der Christian-Albrechts-Universität zu Kiel, hat mir mit seiner netten und humorvollen Art gezeigt, wie sehr das Arbeiten an Veröffentlichungen Spaß machen kann. Ich habe während meiner Zeit am Lehrstuhl viele hilfreiche Hinweise erhalten, die sowohl für der Betreuung von Diplomarbeiten und Thesis als auch der Anfertigung dieses Buches nützlich waren.

Den ersten Unterrichtseinsatz im Fach Investitionsrechnung verdanke ich Dirk Matzen von der Genoakademie in Rendsburg. In den Seminaren für Firmenkundenberater ging es darum, Teilnehmern, die schon eine Weile aus der Schule sind, in kurzer Zeit die Investitionsrechnung zu vermitteln. Dabei habe ich gelernt, die Finanzmathematik auf drei Kernformeln zu reduzieren und mit praxisnahen Beispielen zu arbeiten. Ein ganz besonderer Dank gilt Thorsten Lüthans, der zu dieser Zeit die Berufsakademie der Genoakademie aufbaute und mich in zahlreichen Modulen einsetzte, unter anderem in Finanzmathematik und in Investition. Die gute Organisation, die verlässliche Zusammenarbeit, das Vertrauen und die kleinen Belohnungen in Form von Betriebsbesichtigungen werden mir stets in Erinnerung bleiben. Dass ich überhaupt an die Genoakademie als Freiberufler kam und somit eine Finanzierungsquelle für die Promotion hatte, verdanke ich Andreas Affeldt und Frank-Oliver Grahmann, die mich in unzählige Seminare für Rechnungswesen schickten. Später durfte ich dann auch bei den Bankbetriebswirten Finanzmathematik unterrichten.

Ein aktueller Dank geht an den Direktor der Berufsakademie der Wirtschaftsakademie Schleswig-Holstein, Professor Dr. Horst Kasselmann, der sich in der Berufungskommission für mich eingesetzt und mir die Lehrbereiche Investition, Finanzierung, Controlling und Bankmanagement übertragen hat. Für den Rat in allen Steuerfragen danke ich meinem Kollegen, dem Wirtschaftsprüfer und Steuerberater Professor Dr. Elmar Wiechers.

Neben den obigen Personen, die den Rahmen schafften, bilden die Studenten und Seminarteilnehmer die wichtigste Säule für ein Lehrbuch. Ihre Fragen und Anregungen haben mich immer wieder auf Verbesserungen und Ideen gebracht.

Für die Hilfestellungen bei EDV-Problemen danke ich Thomas Petersen und Matthias Struck.

Vorwort

Privat danke ich in erster Linie meiner Frau Svenja, die Verständnis für mein Hobby „Bücher schreiben" aufbringt und mich sehr unterstützt hat. Auch unsere Kinder, Kristina und Ben, haben mir geholfen, indem sie auch Bücher in dieser Zeit geschrieben haben. Kristina schrieb eines über Magie und Ben über Löwen in Afrika. Im Unterschied zu mir waren sie aber sehr schnell fertig damit. Mein letzter Dank geht an meine Oma Lilly und meinem Opa Waldemar, die vor ungefähr 40 Jahren ein Sparbuch für mich anlegten und mir später von der Wichtigkeit der Zinsen und Zinseszinsen erzählten. Vielleicht war es eine Art Grundsteinlegung für dieses Buch.

Peter Carstensen

Inhaltsverzeichnis

Vorwort V

Symbole und wichtige Abkürzungen IX

1 Finanzmathematische Grundlagen 1
   1.1 Auf- und Abzinsung eines Kapitals 1
   1.2 Verrentung eines Kapitals und Kapitalwert einer Rente 4
       1.2.1 Überblick 4
       1.2.2 Nachschüssige, konstante Rente 6
       1.2.3 Nachschüssige, veränderliche Rente 9
       1.2.4 Vorschüssige, konstante Rente 11
       1.2.5 Vorschüssige, veränderliche Rente 13
   1.3 Unendliche Rente 15
       1.3.1 Nachschüssige, konstante Rente 15
       1.3.2 Nachschüssige, veränderliche Rente 17
   1.4 Unterjährige Verzinsung mit Zinseszins 18
       1.4.1 Auf- und Abzinsung eines Kapitals 18
       1.4.2 Nachschüssige, konstante Rente 20
       1.4.3 Vorschüssige, konstante Rente 21
   1.5 Unterjährig einfache Verzinsung 21
       1.5.1 Auf- und Abzinsung eines Kapitals 21
       1.5.2 Nachschüssige, konstante Rente 22
       1.5.3 Vorschüssige, konstante Rente 25
   1.6 Zusammenfassung 26

2 Dynamische Investitionsrechnung 31
   2.1 Überblick 31
   2.2 Kapitalwertmethode ohne Berücksichtigung von Steuern 33
       2.2.1 Zahlungsreihe und Kapitalwertformel 33
       2.2.2 Wahl des Kalkulationszinses 38
       2.2.3 Interpretation des Kapitalwertes 43
       2.2.4 Kapitalwertberechnung mit Darlehensfinanzierung 46
       2.2.5 Vorteilhaftigkeit mit Break-even-Menge 48
       2.2.6 Auswahlproblem mit Indifferenzmenge 51
       2.2.7 Optimale Laufzeit 59
       2.2.8 Zusammenfassung 63

2.3	Übrige Methoden	66
	2.3.1 Vorgehen	66
	2.3.2 Annuitätenmethode	67
	2.3.3 Dynamische Amortisationszeit	70
	2.3.4 Interne Zinsfußmethode	72
	2.3.5 Zusammenfassung	78
2.4	Berücksichtigung von Risiko	80
	2.4.1 Vorgehen	80
	2.4.2 Pauschale Ansätze	81
	2.4.3 Univariable Ansätze	81
	2.4.4 Dreifachrechnung	86
	2.4.5 Simulation und Kapitalwert at Risk	88
	2.4.6 Zusammenfassung	103
2.5	Kapitalwertmethode mit Berücksichtigung von Steuern	107
	2.5.1 Ableitung eines Steuersatzes	107
	2.5.2 Zahlungsreihe und Kapitalwertformel	110
	2.5.3 Kapitalwertberechnung mit Darlehensfinanzierung	114
	2.5.4 Vorteilhaftigkeit mit Break-even-Menge	116
	2.5.5 Auswahlproblem mit Indifferenzmenge	117
	2.5.6 Optimale Laufzeit	119
	2.5.7 Berücksichtigung von Risiko	121
	2.5.8 Zusammenfassung	124

3	Statische Investitionsrechnung	129
3.1	Überblick	129
3.2	Kostenvergleichsrechnung	130
3.3	Gewinnvergleichsrechnung	136
3.4	Rentabilitätsvergleichsrechnung	139
3.5	Statische Amortisationszeit	142
3.6	Zusammenfassung	145

Anhang	149
Anhang 1: Summenformel für die geometrische Reihe	149
Anhang 2: Kapitalwert einer nachschüssigen, konstanten Rente	149
Anhang 3: Kapitalwert einer nachschüssigen, veränderlichen Rente	150
Anhang 4: Kapitalwert einer vorschüssigen, konstanten Rente	151
Anhang 5: Kapitalwert einer vorschüssigen, veränderlichen Rente	153
Anhang 6: Daten und Ergebnisse für Maschine A	154
Anhang 7: Daten und Ergebnisse für die Maschinen B und C	155
Anhang 8: Daten und Ergebnisse für Maschine D	157

Literatur	159

Symbole und wichtige Abkürzungen

a	Annuität bzw. Rente pro Jahr
a_m	Unterjährige Annuität
a_t	Rentenzahlung zum Zeitpunkt t
$a_{0\,t}^{mVK}$	Annuität für eine Laufzeit von T = t mit Verkaufserlös
$a_{0\,t}^{mVKuD}$	Annuität für eine Laufzeit von T = t mit Verkaufserlös und Darlehen
a_0	Rentenzahlung zum Zeitpunkt 0 (Anfangsrente)
a_1	Rentenzahlung zum Zeitpunkt 1 (Anfangsrente)
$\underline{a}$	Achsenabschnitt einer Korrelationsfunktion
AfA	Absetzung für Abnutzung (Abschreibung)
AK	Anschaffungsauszahlung
ANM	Annuitätenmethode
AV	Anlagevermögen
AZ	Amortisationszeit
AZM	Amortisationszeitmethode
b	Steigung einer Korrelationsfunktion
BE	Bucherfolg
BG	Buchgewinn
BV	Buchverlust
β	Betafaktor
C_0	Kapital zum Zeitpunkt 0 bzw Kapitalwert
C_M	Kapital zum Zeitpunkt M
C_t	Kapital zum Zeitpunkt t
C_T	Kapital zum Zeitpunkt T
$C_{0\,t}$	Kapitalwert für die Zahlungen von 0 bis t
$C_{0\,t}^{oVK}$	Kapitalwert für eine Laufzeit von T = t ohne Verkaufserlös
$C_{0\,t}^{mVK}$	Kapitalwert für eine Laufzeit von T = t mit Verkaufserlös
$C_{0\,t}^{mVKuD}$	Kapitalwert für eine Laufzeit von T = t mit Verkaufserlös und Darlehen
CAPM	Capital Asset Pricing Model
CF	CashFlow

Symbole und wichtige Abkürzungen

D	Diskrete Verteilung
Darl	Darlehensbetrag bzw. Darlehensauszahlung
DAX	Deutscher Aktienindex
db	Deckungsbeitrag je Mengeneinheit
EBIT	Earnings Before Interest and Taxes
G	Gewinn pro Jahr
G	Gleichverteilung
Gen	Generalüberholung
GKM	Geld- und Kapitalmarkt
GKR	Gesamtkapitalrentabilität
i	Zinssatz bzw. Kalkulationszins
i_{KK}	Zinssatz für Kontokorrentkredit
i_m	Unterjähriger Zinssatz
i_D	Darlehenszins
Inst	Instandhaltung pro Jahr
IZ	Interner Zins
IZM	Interne Zinsfußmethode
KKK	Kontokorrentkredit
K	Kosten pro Jahr
K_{Fix}	Fixe Kosten pro Jahr
k_{var}	Variable Kosten je Mengeneinheit
KWF	Kapitalwiedergewinnungsfaktor für konstante Renten
KWFP	Kapitalwiedergewinnungsfaktor für veränderliche Renten
KWM	Kapitalwertmethode
lb	Untere Intervallgrenze
m	Anzahl der unterjährigen Perioden pro Jahr
M	Anzahl der unterjährigen Perioden
ME	Mengeneinheit
μ	Mittelwert

N	Normalverteilung
NOPAT	Net Operating Profit After Tax
Ø	Durchschnitt
p	Veränderungsrate
Perso	Personalaufwand pro Jahr
prob	Wahrscheinlichkeit
q	$1 + i$
q_m	$1 + i_m$
R	Rentabilität
Rate	Jährliche Darlehensrate
$Rate_t$	Darlehensrate für eine Laufzeit von $T = t$
ROI	Return on Investment
s	Steuersatz
SDAX	Small Cap Index
σ	Standardabweichung
t	Index für Zeitpunkte
T	Anzahl der Jahre
TEuro	Tausend Euro
ub	Obere Intervallgrenze
UV	Umlaufvermögen
VK	Verkaufserlös
VK_t	Verkaufserlös zum Zeitpunkt t
x	Menge pro Jahr
y	Normalverteilte Interimszufallszahl
z	Standardnormalverteilte Zufallszahl
z_t	Zahlung zum Zeitpunkt t
z_t^{oVK}	Zahlung zum Zeitpunkt t ohne Verkaufserlös
zuf	Standardzufallszahl

1 Finanzmathematische Grundlagen

In diesem Kapitel werden die finanzmathematischen Grundlagen behandelt. Sie sind die Voraussetzung für die dynamische Investitionsrechnung in Kapitel 2. Die statische Investitionsrechnung in Kapitel 3 kommt ohne finanzmathematische Grundlagen aus.

1.1 Auf- und Abzinsung eines Kapitals

Dieser Abschnitt beginnt mit der Erläuterung der Aufzinsung, danach wird die Abzinsung betrachtet.

Aufzinsung

Bei einer Aufzinsung errechnet man die Kapitalentwicklung durch Zinsen. Dabei wird folgende Annahme getroffen:

Die Zinsen werden an jedem Jahresende kapitalisiert.

Das heißt, Zinsen werden am Jahresende dem Kapital gutgeschrieben und verzinsen sich von da an mit (Zinseszinseffekt).[1] Tabelle 1.1 zeigt eine Aufzinsung eines Kapitals in Höhe von Euro 10.000,00 über fünf Jahre mit einem Zins von 3 %.

Tabelle 1.1: *Aufzinsung*

Periode	Anfangskapital	Zinsen	Endkapital
1	10.000,00	300,00	10.300,00
2	10.300,00	309,00	10.609,00
3	10.609,00	318,27	10.927,27
4	10.927,27	327,82	11.255,09
5	11.255,09	337,65	11.592,74

---

[1] Unterjährige Zinsgutschriften werden in diesem Buch in den Abschnitten 1.4 und 1.5 betrachtet.

1 Finanzmathematische Grundlagen

Zu Beginn der ersten Periode beträgt das Kapital Euro 10.000,00, das sich am Ende der ersten Periode durch die Zinsgutschrift um Euro 300,00 auf Euro 10.300,00 erhöht. Durch die Kapitalisierung der Zinsen fällt die Zinsgutschrift am Ende der zweiten Periode mit Euro 309,00 schon etwas höher aus usw.

Ein Kapital kann als Anlage- oder als Kreditbetrag interpretiert werden. Das liegt daran, dass unsere Forderung für die andere Seite eine Verbindlichkeit ist und umgekehrt. Legen wir zum Beispiel Euro 10.000,00 bei einer Bank fünf Jahre mit 3 % Zinsen an, so vermehrt sich unser Betrag auf dem Anlagekonto durch Zinsgutschriften auf Euro 11.592,74 und bei der Bank vermehren sich die Schulden durch Zinsbelastungen auf den selben Betrag.

Die in Tabelle 1.1 dargestellte Aufzinsung lässt sich mit Hilfe einer Formel wesentlich einfacher berechnen; dazu werden folgende Symbole eingeführt:

- i = Zinssatz dezimal
- q = $1 + i$
- T = Anzahl der Perioden (Jahre)
- t = Index für Zeitpunkte
- C_0 = Kapital zum Zeitpunkt Null
- C_t = Kapital zum Zeitpunkt t
- C_T = Kapital zum Zeitpunkt T

Die Formel lautet

$$C_T = C_0 \cdot q^T \qquad \textbf{Aufzinsung eines Kapitals}$$

Für das Zahlenbeispiel aus Tabelle 1.1 ist $q = 1{,}03$, $T = 5$ und $C_0 = 10.000{,}00$, somit ergibt sich:

$$C_5 = 10.000{,}00 \cdot 1{,}03^5$$

$$C_5 = 11.592{,}74$$

Für das Verständnis der Formel ist wichtig, dass die Anzahl der Zeitpunkte immer um Eins größer ist als die Anzahl der Perioden. Abbildung 1.1 dient der Veranschaulichung.

Abbildung 1.1: *Zeitpunkte und Perioden*

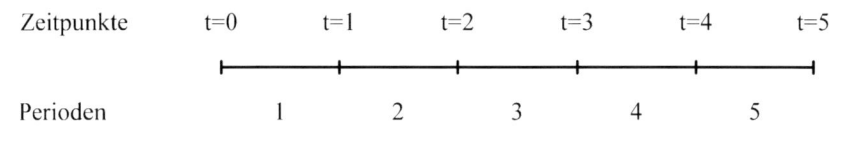

Auf- und Abzinsung eines Kapitals

Die Indices der Kapitalien beziehen sich auf die Zeitpunkte. C_0 ist das Kapital zu Beginn der ersten Periode, C_1 ist das Kapital zum Ende der ersten Periode, C_2 ist das Kapital zum Ende der zweiten Periode usw.

Die Aufzinsungsformel lässt sich mit Hilfe der Tabelle 1.1 schnell herleiten. Für die erste Periode gilt:

$$C_1 = C_0 + C_0 \cdot i = C_0 \cdot (1+i) = C_0 \cdot q$$

Um das Kapital C_1 zu erhalten, werden 3 % Zinsen auf das Anfangskapital C_0 addiert. Alternativ könnte man auch 103 % vom Anfangskapital berechnen bzw. mit q = 1,03 multiplizieren. Die Kapitalien an den jeweiligen Jahresenden errechnen sich iterativ. Für die zweite Periode gilt:

$$C_2 = C_1 \cdot q$$

Ersetzt man C_1 durch $C_0 \cdot q$, so ergibt sich die Aufzinsungsformel für den Fall T = 2:

$$C_2 = C_0 \cdot q \cdot q = C_0 \cdot q^2$$

Das heißt, um C_T zu erhalten, muss C_0 T Mal mit q multipliziert werden.

Abzinsung

Bei einer Abzinsung wird die Aufzinsungsformel umgestellt und nach C_0 aufgelöst. Man will errechnen, wie hoch ein Kapital zum Zeitpunkt Null sein muss, damit es sich durch Zinsgutschriften in T Perioden auf C_T vermehrt. Oder anders ausgedrückt: Wie viel ist C_T zum Zeitpunkt Null wert. Die Formel lautet:

$$C_0 = \frac{C_T}{q^T} \qquad \textbf{Abzinsung eines Kapitals}$$

Ein Beispiel mit Bezug auf obige Zahlen: Wie viel Geld muss man zum Zeitpunkt Null anlegen, damit das Kapital bei einer Verzinsung von 3 % in fünf Perioden auf Euro 11.592,74 anwächst? Die Lösung beträgt:

$$C_0 = \frac{11.592,74}{1,03^5}$$

$$C_0 = 10.000,00$$

Abbildung 1.2 fasst die Auf- und Abzinsung zusammen. Bei einer Aufzinsung multipliziert man das Kapital C_0 mit dem Aufzinsungsfaktor q^T und bei einer Abzinsung dividiert man das Kapital C_T durch ihn. Die Aufzinsung ermittelt die Höhe des Kapitals C_0 in T Perioden, die Abzinsung errechnet den Wert des Kapitals C_T zum Zeitpunkt Null.

1 Finanzmathematische Grundlagen

Abbildung 1.2: Auf- und Abzinsung eines Kapitals

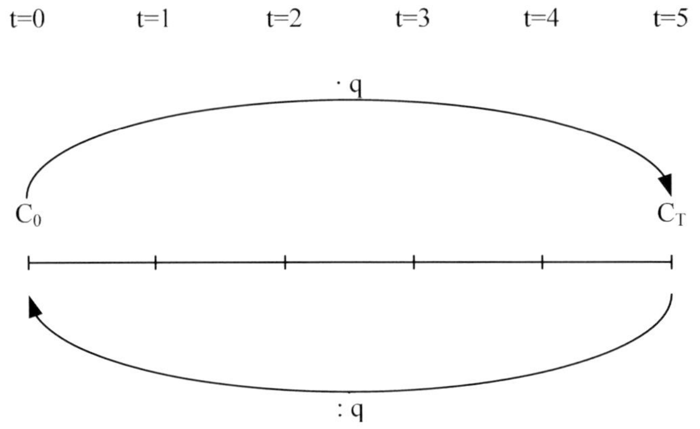

```
t=0      t=1      t=2      t=3      t=4      t=5
                       · q
  C₀                                              C_T
  |--------|--------|--------|--------|--------|
                       : q
```

1.2 Verrentung eines Kapitals und Kapitalwert einer Rente

1.2.1 Überblick

Bei der Verrentung wird ein Kapital in eine Rente umgewandelt. Eine Rente ist eine regelmäßige Zahlung. Dabei wird folgende Annahme getroffen:

Die Rente wird ein Mal jährlich gezahlt.

Das Kapital kann wieder sowohl ein Anlage- als auch ein Kreditbetrag sein. Tabelle 1.2 zeigt allgemein ein Beispiel für ein Kapital in Höhe von Euro 20.000,00, das bei einem Zinssatz von 8 % und einer Laufzeit von fünf Jahren eine Rente von Euro 5.009,13 ergibt.[2]

Als Anlagefall werden die Zinsen auf das jeweilige Anfangskapital gerechnet und dem Kapital am Ende des Jahres zugeschlagen. Weiterhin wird die Rente am Jahresende ausgezahlt und daraus resultiert das Endkapital. Durch die Zinsen nimmt das Kapital nicht um die Rente ab, sondern um die Differenz aus Zinsen und Rente, dem sogenannten Kapitalverzehr. Betrachtet man die Rente als Summe aus Zinsen und Kapitalverzehr, so verschieben sich ihre Anteile im Zeitablauf immer mehr zugunsten des Kapitalverzehrs.

---

2 Die Erläuterung der Berechnungen hierfür sind Gegenstand des Abschnitts 1.2.2.

1.2 Verrentung eines Kapitals und Kapitalwert einer Rente

Tabelle 1.2: Nachschüssige, konstante Rente

Periode	Anfangskapital	Zinsen	Kapitalverzehr	Rente	Endkapital
Periode	Anfangskapital	Zinsen	Tilgung	Annuität	Endkapital
1	20.000,00	1.600,00	3.409,13	5.009,13	16.590,87
2	16.590,87	1.327,27	3.681,86	5.009,13	12.909,01
3	12.909,01	1.032,72	3.976,41	5.009,13	8.932,60
4	8.932,60	714,61	4.294,52	5.009,13	4.638,08
5	4.638,08	371,05	4.638,08	5.009,13	0,00

Für einen Kreditfall gelten obige Ausführungen analog. Allerdings spricht man statt von einer Rente besser von einer Annuität und statt eines Kapitalverzehrs von einer Tilgung. Zur Vereinfachung soll folgende Konvention gelten:

Die Begriffe Rente und Annuität werden synonym verwendet.

Für die Rentenzahlung existieren vier verschiedene Formen, die mit den folgenden Abschnitten 1.2.2 bis 1.2.5 korrespondieren. Tabelle 1.3 gibt einen Überblick und enthält Beispiele.

Tabelle 1.3: Formen der Rentenzahlung

Zeitpunkt	t = 0	t = 1	t = 2	t = 3	t = 4	t = 5
nachschüssig, konstant		5.009,13	5.009,13	5.009,13	5.009,13	5.009,13
nachschüssig, veränderlich		4.738,94	4.881,11	5.027,54	5.178,37	5.333,72
vorschüssig, konstant	4.638,08	4.638,08	4.638,08	4.638,08	4.638,08	
vorschüssig, veränderlich	4.387,91	4.519,55	4.655,13	4.794,79	4.938,63	

Zum einen können Renten vor- oder nachschüssig sein. Dieses resultiert aus der bereits oben erwähnten Tatsache, dass die Anzahl der Zeitpunkte stets um Eins größer ist als die Anzahl der Perioden. Bei einer nachschüssigen Rente erfolgt die Zahlung jeweils am Jahresende und bei einer vorschüssigen Rente am Jahresanfang. Zum anderen wird zwischen konstanten und veränderlichen Renten unterschieden. Veränderliche Renten dienen beispielsweise der Abbildung von Preissteigerungen. In der Tabelle 1.3 beträgt die Veränderungsrate 3 %.

Während bei der Verrentung eines Kapitals nach der Höhe der Rente gesucht wird, geht es bei dem Kapitalwert einer Rente um die Höhe des Kapitals zum Zeitpunkt Null. Für den Anlagefall berechnet man für eine gegebene Rente das notwendige Kapital. Für den Kreditfall wird aus einer Rückzahlungsrate auf die Kredithöhe geschlossen. Oder anders ausgedrückt: Bei der Kapitalwertberechnung einer Rente wird ihr Wert zum Zeitpunkt Null ermittelt.

1.2.2 Nachschüssige, konstante Rente

Dieser Abschnitt untergliedert sich in die Verrentung eines Kapitals und den Kapitalwert einer Rente.

■ Verrentung eines Kapitals

Zunächst werden folgende Symbole eingeführt:

- a = Annuität bzw. Rente
- C_0 = Kapitalwert
- KWF = Kapitalwiedergewinnungsfaktor

Der Kapitalwert ist in diesem Kapitel der Wert einer Rente zum Zeitpunkt Null.[3] Die Formel für die Verrentung lautet:[4]

$$a = C_0 \cdot KWF \qquad \textbf{Verrentung eines Kapitals}$$

mit

$$KWF = \frac{i \cdot q^T}{q^T - 1}$$

Für das Zahlenbeispiel aus Tabelle 1.2 ist i = 0,08, q = 1,08 und T = 5. Als KWF ergibt sich 0,2504564. Die Anzahl der verwendeten Nachkommastellen beim KWF sollte um Zwei größer sein als die Anzahl der Vorkommastellen beim Kapital, um einen centgenauen Wert für die Rente zu erhalten.[5] Weiterhin wird als vereinfachende Schreibweise ein Klammerausdruck mit Zinssatz und Periodenanzahl eingeführt:

$$KWF\,(i\,;\,T) = \frac{i \cdot q^T}{q^T - 1}$$

Somit ergibt sich bei einem Kapital in Höhe von Euro 20.000,00 folgende Lösung für die Rente:

$$a = 20.000,00 \cdot KWF\,(0,08;\,5)$$

$$a = 5.009,13$$

---

[3] Am Ende dieses Abschnitts wird der Begriff Kapitalwert mit Blick auf die dynamische Investitionsrechnung in Kapitel 2 noch verallgemeinert.
[4] Für i = 0 bzw. q = 1 ist der KWF nicht definiert, da man nicht durch Null teilen darf.
[5] Am besten sollte man den Wert speichern und mit allen Stellen weiterrechnen.

Kapitalwert einer Rente

Bei der Kapitalwertberechnung einer Rente wird die Formel für die Verrentung eines Kapitals umgestellt und nach C_0 aufgelöst.[6]

$$C_0 = \frac{a}{KWF} \quad \textbf{Kapitalwert einer Rente}$$

$$C_0 = \frac{5.009{,}13}{KWF\,(0{,}08;\,5)}$$

$$C_0 = 20.000{,}00$$

Abbildung 1.3 fasst die Verrentung eines Kapitals und die Kapitalwertberechnung einer Rente anschaulich zusammen.

Abbildung 1.3: Nachschüssige, konstante Rente: Verrentung eines Kapitals und Kapitalwert einer Rente

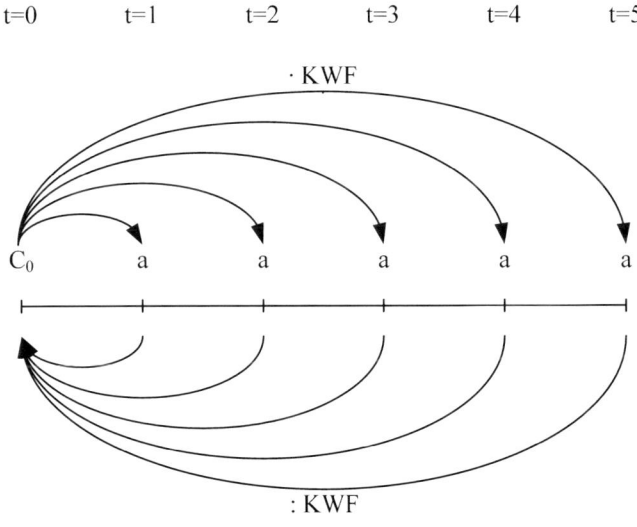

Für die Ermittlung der Rente multipliziert man den Kapitalwert C_0 mit dem KWF und bei der Berechnung des Kapitalwertes dividiert man die Rente durch ihn.

---

6 Statt mit dem KWF zu dividieren, kann man auch mit einem sogenannten Diskontierungssummenfaktor DSF multiplizieren. Der DSF ist lediglich der Kehrwert vom KWF und findet in diesem Buch keine Verwendung.

1 Finanzmathematische Grundlagen

Zum besseren Verständnis soll die Kapitalwertberechnung einer Rente noch einmal anders dargestellt werden. Um den Wert einer Rente zum Zeitpunkt Null zu ermitteln, könnte man auch die Rentenzahlungen der Laufzeit entsprechend gemäß Abschnitt 1.1 einzeln abzinsen und aufaddieren. Somit kommen wir zur wichtigsten Regel in der Finanzmathematik:

Zahlungen dürfen nur dann aufaddiert werden, wenn sie sich auf denselben Zeitpunkt beziehen.[7]

Da dies bei einer Rente nicht der Fall ist, müssen alle Zahlungen vor der Addition auf einen gemeinsamen Zeitpunkt Null abgezinst werden. Das Vorgehen ist in Abbildung 1.4 dargestellt.

Abbildung 1.4: Kapitalwertberechnung: Abzinsung und Addition

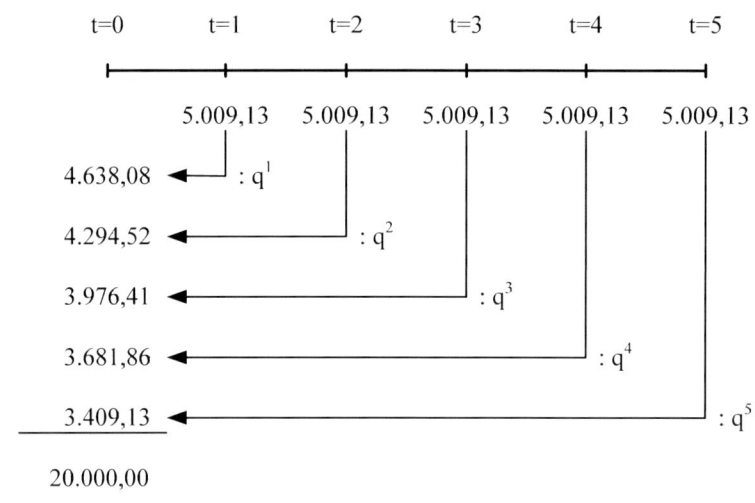

Mit Hilfe des KWF wird die Rente in einem Schritt laufzeitgerecht abgezinst und aufaddiert. Der mathematische Ursprung des KWF liegt in der Summenformel für die geometrische Reihe.[8] An dieser Stelle soll eine Andeutung ausreichen:

---

[7] Ein Euro heute ist mehr wert als in einem Jahr.
[8] Die mathematische Herleitung hierfür findet der Leser in Anhang 2. Anhang 1 enthält die Summenformel für die geometrische Reihe.

$$C_0 = \frac{a}{q^1} + \frac{a}{q^2} + \frac{a}{q^3} + \frac{a}{q^4} + \frac{a}{q^5}$$

$$C_0 = a \cdot \left(\frac{1}{q^1} + \frac{1}{q^2} + \frac{1}{q^3} + \frac{1}{q^4} + \frac{1}{q^5}\right)$$

$$C_0 = a \cdot \frac{1}{KWF}$$

$$C_0 = \frac{a}{KWF}$$

Der wichtigste Begriff in der Finanzmathematik ist der Kapitalwert, dessen allgemeine Definition nun mit Hilfe obiger Ausführungen leichter nachvollzogen werden kann.

Der Kapitalwert ist die Summe der auf den Zeitpunkt Null abgezinsten Zahlungen.

1.2.3 Nachschüssige, veränderliche Rente

Mit veränderlichen Renten will man beispielsweise Preissteigerungen abbilden bzw. entgegenwirken. Zunächst werden folgende Symbole eingeführt:

- a_1 = Rentenzahlung zum Zeitpunkt 1 (Anfangsrente)
- a_t = Rentenzahlung zum Zeitpunkt t
- p = Veränderungsrate dezimal + 1
- KWFP = Kapitalwiedergewinnungsfaktor für veränderliche Renten

Für die Rente wird ein Index benötigt, da sich die Rentenzahlungen annahmegemäß im Zeitverlauf ändern. Dabei beschreibt p den Zusammenhang zweier aufeinander folgender Rentenzahlungen. Mit der Formel für die Verrentung wird lediglich die Anfangsrente a_1 ermittelt. Die anderen Rentenzahlungen ergeben sich rekursiv durch die Multiplikation mit p.

$$a_{t+1} = a_t \cdot p \quad \text{für alle } t = 1, ..., T-1$$

Die Formel für die Verrentung lautet:[9]

$$a_1 = C_0 \cdot KWFP \quad \textbf{Verrentung eines Kapitals}$$

mit

$$KWFP = \frac{q - p}{1 - \left(\frac{p}{q}\right)^T}$$

---

[9] Die Bedingung q ≠ p muss erfüllt sein, ansonsten ist der KWFP nicht definiert. Die Formel wird in Anhang 3 hergeleitet.

Für die Berechnung des Kapitalwertes muss obige Verrentungsformel nach C_0 aufgelöst werden.

$$C_0 = \frac{a_1}{KWFP} \quad \textbf{Kapitalwert einer Rente}$$

Abbildung 1.5 zeigt anschaulich die Verrentung eines Kapitals und die Kapitalwertberechnung einer Rente. Analog zu dem Vorgehen bei der nachschüssigen, konstanten Rente wird bei der Verrentung mit dem KWFP multipliziert und bei der Kapitalwertberechnung durch den KWFP dividiert.

Abbildung 1.5: Nachschüssige, veränderliche Rente: Verrentung eines Kapitals und Kapitalwert einer Rente

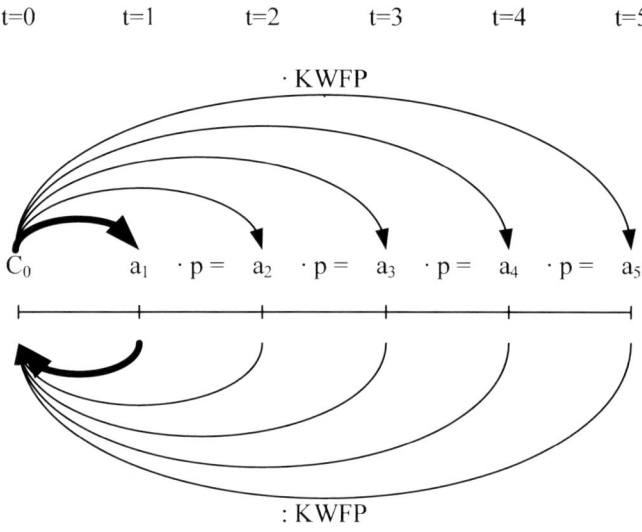

Als vereinfachende Schreibweise wird folgender Klammerausdruck definiert:

$$KWFP\,(i\,;\,T,\,p) = \frac{q - p}{1 - \left(\frac{p}{q}\right)^T}$$

Für das Zahlenbeispiel aus Tabelle 1.3 beträgt i = 0,08, q = 1,08, p = 1,03 und T = 5. Die Rentenzahlungen für ein Anfangskapital in Höhe von Euro 20.000,00 und umgekehrt der Kapitalwert einer anfänglichen Rente in Höhe von Euro 4.738,94 werden wie folgt berechnet:

$a_1 = 20.000,00 \cdot \text{KWFP}(0,08;\ 5;\ 1,03)$

$a_1 = 4.738,94$

$a_2 = 4.738,94 \cdot 1,03 = 4.881,11$

$a_3 = 4.881,11 \cdot 1,03 = 5.027,54$

$a_4 = 5.027,54 \cdot 1,03 = 5.178,37$

$a_5 = 5.178,37 \cdot 1,03 = 5.333,72$

und

$$C_0 = \frac{4.738,94}{\text{KWFP}(0,08;\ 5;\ 1,03)}$$

$C_0 = 20.000,00$

Abschließend enthält Tabelle 1.4 die Probe. Die Rentenzahlungen erfolgen am Jahresende und steigen um jeweils 3 % an. Nach fünf Jahren ist das Kapital aufgebraucht.

Tabelle 1.4: Nachschüssige, veränderliche Rente

Periode	Anfangskapital	Zinsen	Kapitalverzehr	Rente	Endkapital
Periode	Anfangskapital	Zinsen	Tilgung	Annuität	Endkapital
1	20.000,00	1.600,00	3.138,94	4.738,94	16.861,06
2	16.861,06	1.348,88	3.532,23	4.881,11	13.328,84
3	13.328,84	1.066,31	3.961,23	5.027,54	9.367,60
4	9.367,60	749,41	4.428,96	5.178,37	4.938,64
5	4.938,64	395,09	4.938,63	5.333,72	0,01

1.2.4 Vorschüssige, konstante Rente

Für die Berechnung einer vorschüssigen, konstanten Rente ist die Verrentungsformel für die nachschüssige, konstante Rente nur geringfügig zu ergänzen.

$$a = \frac{C_0}{q} \cdot \text{KWF} \qquad \textbf{Verrentung eines Kapitals}[10]$$

mit

$$\text{KWF} = \frac{i \cdot q^T}{q^T - 1}$$

---

[10] Korrekterweise müsste für eine vorschüssige Rente ein eigenes Symbol als Abgrenzung zur nachschüssigen Rente eingeführt werden. Um die Anzahl der Symbole möglichst gering zu halten, wird aus Vereinfachungsgründen darauf verzichtet. In Anhang 4 wird die Herleitung der Formel erläutert.

Abbildung 1.6 illustriert obige Formel und liefert die Berechnungsidee. Um eine vorschüssige Rente zu ermitteln, wird der Kapitalwert zunächst um eine Periode auf den Zeitpunkt t = -1 abgezinst und danach mit dem KWF multipliziert.

Abbildung 1.6: Vorschüssige, konstante Rente: Verrentung eines Kapitals und Kapitalwert einer Rente

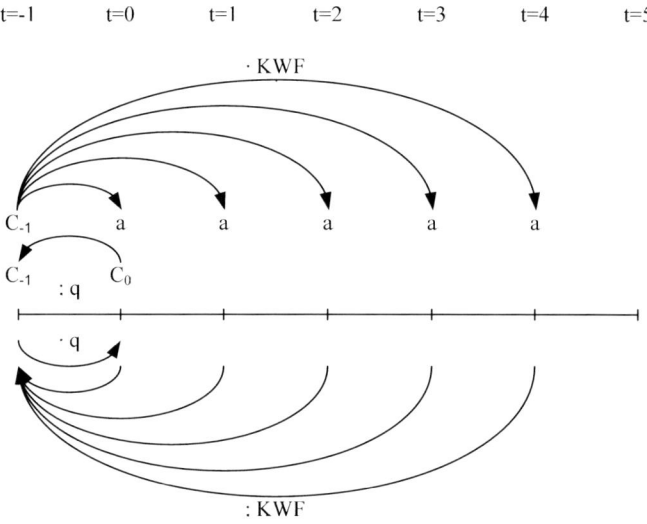

Umgekehrt wird für die Berechnung des Kapitalwertes die vorschüssige Rente durch den KWF dividiert und anschließend eine Periode aufgezinst.

$$C_0 = \frac{a}{KWF} \cdot q \qquad \textbf{Kapitalwert einer Rente}$$

Für das Zahlenbeispiel aus Tabelle 1.3 mit i = 0,08, q = 1,08 und T = 5 ergeben sich als Rente bzw. Kapitalwert:

$$a = \frac{20.000,00}{1,08} \cdot KWF\,(0,08;\,5)$$

$$a = 4.638,08$$

und

$$C_0 = \frac{4.638,08}{KWF\,(0,08;\,5)} \cdot 1,08$$

$$C_0 = 20.000,00$$

Abschließend wird in Tabelle 1.5 die Probe gezeigt. Dabei ist das Anfangskapital der ersten Periode gleich um die Rente reduziert, da sie bereits zum Zeitpunkt Null anfällt. In der letzten Periode beträgt das Kapital Null.

Tabelle 1.5: Vorschüssige, konstante Rente

Periode	Anfangskapital	Zinsen	Kapitalverzehr	Rente	Endkapital
Periode	Anfangskapital	Zinsen	Tilgung	Annuität	Endkapital
1	15.361,92	1.228,95	3.409,13	4.638,08	11.952,79
2	11.952,79	956,22	3.681,86	4.638,08	8.270,93
3	8.270,93	661,67	3.976,41	4.638,08	4.294,52
4	4.294,52	343,56	4.294,52	4.638,08	0,00
5	0,00	0,00	0,00	0,00	0,00

1.2.5 Vorschüssige, veränderliche Rente

Analog zum Vorgehen in Abschnitt 1.2.4 muss die Verrentungsformel für die nachschüssige, veränderliche Rente nur geringfügig geändert werden. Dazu wird folgendes Symbol eingeführt:

– a_0 = Rentenzahlung zum Zeitpunkt 0 (Anfangsrente)[11]

Die Formel für die Verrentung lautet:

$$a_0 = \frac{C_0}{q} \cdot \text{KWFP} \qquad \textbf{Verrentung eines Kapitals}$$

mit

$$\text{KWFP} = \frac{q - p}{1 - \left(\frac{p}{q}\right)^T}$$

Umgekehrt wird die Anfangsrente wie folgt ermittelt:

$$C_0 = \frac{a_0}{\text{KWFP}} \cdot q \qquad \textbf{Kapitalwert einer Rente}$$

---

[11] Auch hier müsste für die vorschüssige Rente ein eigenes Symbol eingeführt werden. Um die Anzahl der Symbole möglichst gering zu halten, wird hier ebenfalls darauf verzichtet. Anhang 5 enthält die Herleitung der Formel.

Zur Berechnung der Anfangsrente zinst man den Kapitalwert auf den Zeitpunkt t = -1 ab und multipliziert danach mit dem KWFP. Um den Kapitalwert zu berechnen, wird die Anfangsrente durch den KWFP dividiert und anschließend eine Periode aufgezinst. Abbildung 1.7 dient der Veranschaulichung.

Abbildung 1.7: Vorschüssige, veränderliche Rente: Verrentung eines Kapitals und Kapitalwert einer Rente

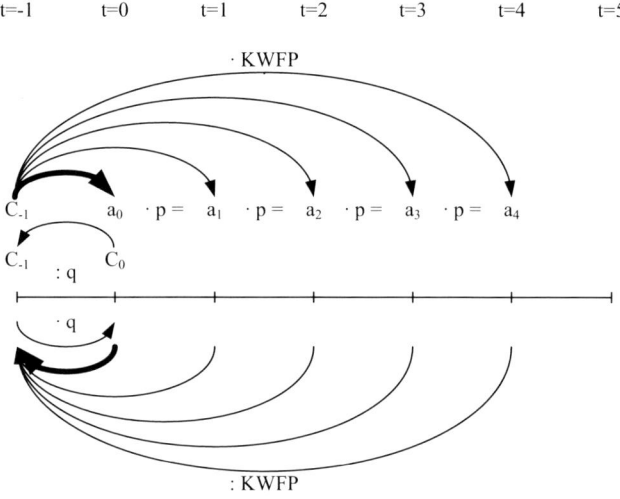

Mit Bezug auf das Zahlenbeispiel aus Tabelle 1.3 beträgt i = 0,08, q = 1,08, p = 1,03 und T = 5. Anfangsrente und Kapitalwert werden untenstehend berechnet:

$$a_0 = \frac{20.000,00}{1,08} \cdot \text{KWFP}(0,08;\ 5;\ 1,03)$$

$a_0 = 4.387,91$

$a_1 = 4.387,91 \cdot 1,03 = 4.519,55$

$a_2 = 4.519,55 \cdot 1,03 = 4.655,13$

$a_3 = 4.655,13 \cdot 1,03 = 4.794,79$

$a_4 = 4.794,79 \cdot 1,03 = 4.938,63$

und

$$C_0 = \frac{4.387,91}{\text{KWFP}(0,08;\ 5;\ 1,03)} \cdot 1,08$$

$C_0 = 20.000,00$

Tabelle 1.6 beinhaltet die Probe. Aufgrund der Vorschüssigkeit ist das Anfangskapital um die Anfangsrente in Höhe von Euro 4.387,91 reduziert. Weiterhin beträgt das Kapital in der letzten Periode Null.

Tabelle 1.6: Vorschüssige, veränderliche Rente

Periode	Anfangskapital	Zinsen	Kapitalverzehr	Rente	Endkapital
Periode	Anfangskapital	Zinsen	Tilgung	Annuität	Endkapital
1	15.612,09	1.248,97	3.270,58	4.519,55	12.341,51
2	12.341,51	987,32	3.667,81	4.655,13	8.673,70
3	8.673,70	693,90	4.100,89	4.794,79	4.572,80
4	4.572,80	365,82	4.572,81	4.938,63	- 0,01
5	- 0,01	0,00	0,00	0,00	- 0,01

1.3 Unendliche Rente

1.3.1 Nachschüssige, konstante Rente

Ohne es zuvor ausdrücklich erwähnt zu haben, wird in Abschnitt 1.2 die endliche Rentenrechnung betrachtet. Das heißt, die Laufzeit ist endlich. Beispielsweise wird ein Anlagebetrag verrentet. Am Laufzeitende ist das Kapital aufgebraucht, da die Rente die jeweiligen Zinsgutschriften übersteigt und das Kapital verzehrt.[12] Folglich kann ein Anlagebetrag nur dann eine unendliche Rente hervorbringen, wenn die Rente die Zinsgutschriften nicht übersteigt. Einfacher formuliert: Das Kapital ist so hoch, dass man von den Zinsen leben kann. Die Formel für die unendliche, konstante Rente lautet:

$a = C_0 \cdot i$ **Unendliche Verrentung**

Die Multiplikation des Kapitalwertes mit dem Zinssatz ergibt die Zinsen und gleichzeitig die Rente. Das Kapital bleibt unverändert.

---

[12] Analog die Ausführungen für ein Darlehen: Die Laufzeit eines Darlehens ist endlich, da die Annuität einen größeren Wert als die jeweiligen Zinsbelastungen aufweist und somit das Darlehen getilgt wird.

Für die Berechnung des Kapitalwertes bzw. des benötigten Kapitals einer unendlichen, konstanten Rente wird die Formel nach C_0 aufgelöst:

$$C_0 = \frac{a}{i}$$ **Kapitalwert einer unendlichen Rente**

Abbildung 1.8 dient der Veranschaulichung. Man beachte, dass es sich hier um eine nachschüssige Rente handelt.

Abbildung 1.8: Unendliche, konstante Rente

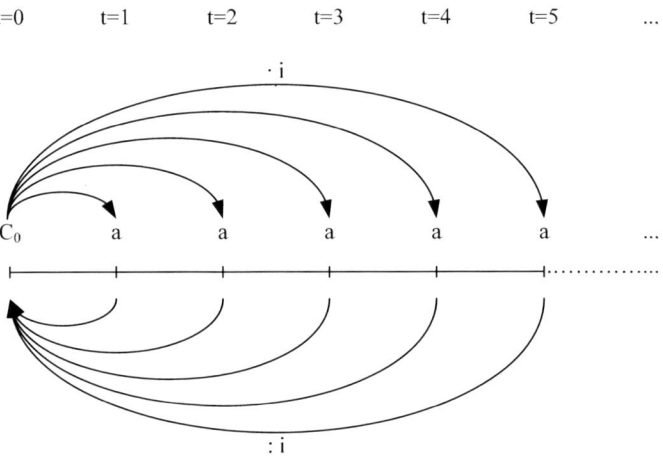

Für ein Kapital in Höhe von Euro 800.000,00 und einem Zinssatz von 3 % beträgt die Rente Euro 24.000,00. Umgekehrt muss das Kapital für eine Rente in Höhe von Euro 24.000,00 und einem Zinssatz von 3 % Euro 800.000,00 betragen. Tabelle 1.7 zeigt, dass sich das Kapital nicht verändert.

Tabelle 1.7: Unendliche, konstante Rente

Periode	Anfangskapital	Zinsen	Kapitalverzehr	Rente	Endkapital
Periode	Anfangskapital	Zinsen	Tilgung	Annuität	Endkapital
1	800.000,00	24.000,00	0,00	24.000,00	800.000,00
2	800.000,00	24.000,00	0,00	24.000,00	800.000,00
...	...	...	...	...	...

1.3.2 Nachschüssige, veränderliche Rente

Bei einer unendlichen, veränderlichen Rente müssen die Zinsen die Rente übersteigen,[13] um Kapital aufzubauen, damit von Jahr zu Jahr höhere Zinsen zu höheren Renten führen. Gedanklich werden die Zinsen in zwei Teile gesplittet. Der eine Teil stellt die Rente dar, der andere verbleibt auf dem Konto und erhöht das Kapital. Für eine Rente mit einer Steigerung von p muss das Kapital ebenfalls um p ansteigen. Die Zinsauszahlung wird um das Geld für den Kapitalaufbau gekürzt. Die Formel für die Verrentung lautet:

$$a_1 = C_0 \cdot (q - p)$$ **Unendliche Verrentung**

Die Renten der Folgejahre a_2, a_3 usw. erhält man sukzessive durch Multiplikation mit p.

Um den Kapitalwert einer unendlichen, veränderlichen Rente zu errechnen, wird die Formel nach C_0 umgestellt:

$$C_0 = \frac{a_1}{(q - p)}$$ **Kapitalwert einer unendlichen Rente**

Abbildung 1.9 zeigt obige Verrentung und Kapitalwertberechnung. Auch hier handelt es sich um eine nachschüssige Rente.

Abbildung 1.9: *Unendliche, veränderliche Rente*

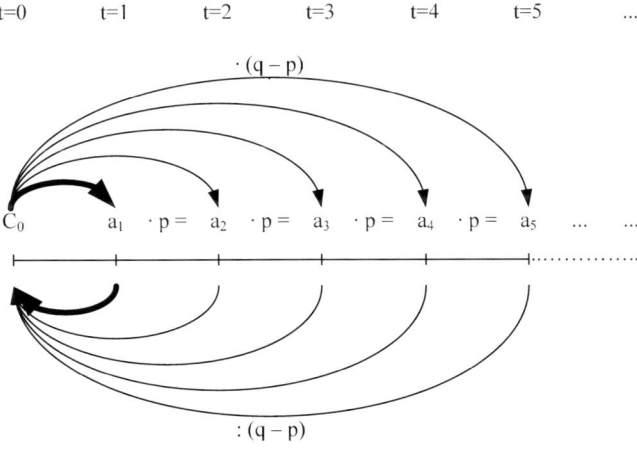

---

13 Hier werden nur steigende Renten betrachtet.

1 Finanzmathematische Grundlagen

In Anlehnung an das Beispiel der unendlichen, konstanten Rente aus Abschnitt 1.3.1 mit einem Kapital in Höhe von Euro 800.000,00 und einem Zinssatz von 3 % soll die Rente dieses Mal um 1 % steigen. Die Anfangsrente beträgt jetzt nur noch Euro 16.000,00, die anderen Euro 8.000,00 erhöhen das Kapital. In Tabelle 1.8 wird die Kapitalentwicklung für die ersten Jahre gezeigt.

Tabelle 1.8: Unendliche, veränderliche Rente

Periode	Anfangskapital	Zinsen	Kapitalaufbau	Rente	Endkapital
Periode	Anfangskapital	Zinsen	Schuldenaufbau	Annuität	Endkapital
1	800.000,00	24.000,00	8.000,00	16.000,00	808.000,00
2	808.000,00	24.240,00	8.080,00	16.160,00	816.080,00
3	816.080,00	24.482,40	8.160,80	16.321,60	824.240,80
...	...	...	...	...	...

1.4 Unterjährige Verzinsung mit Zinseszins

1.4.1 Auf- und Abzinsung eines Kapitals

Die unterjährige Verzinsung mit Zinseszins wird benötigt, um unterjährige Zinsgutschriften exakt abzubilden. Als unterjährige Perioden kommen Monate oder Quartale in Betracht. Folgende Annahme wird getroffen:

Die Zinsen werden an jedem Periodenende kapitalisiert.

Ein Beispiel für eine unterjährige Verzinsung sind Darlehenskonten, die monatlich abgerechnet werden. Wichtig ist, dass die Zinsen dem Kapital tatsächlich auch zugeschlagen werden, damit ein unterjähriger Zinseszinseffekt entsteht. Folgende Symbole werden benötigt:

- m = Anzahl der unterjährigen Periode im Jahr
- M = Anzahl der Perioden
- i_m = Unterjähriger Zinssatz dezimal
- q_m = $1 + i_m$
- C_M = Kapital zum Zeitpunkt M
- a_m = Unterjährige Annuität

1.4 Unterjährige Verzinsung mit Zinseszins

Um beispielsweise den Monatszins zu erhalten, ist der Jahreszins durch 12 zu dividieren, für die Monatsanzahl ist die Anzahl der Jahre mit 12 zu multiplizieren.

$i_m = i / m$

$M = T \cdot m$

Die Formeln aus den Abschnitten 1.1 und 1.2 behalten ihre Gültigkeit und können analog angewendet werden.

■ Auf- und Abzinsung eines Kapitals

$C_M = C_0 \cdot q_m^M$ **Unterjährige Aufzinsung**

und

$C_0 = \dfrac{C_M}{q_m^M}$ **Unterjährige Abzinsung**

Ein Beispiel soll die Vorgehensweise verdeutlichen und auch einen Vergleich zur jährlichen Betrachtungsweise liefern: Ein Kapital in Höhe von Euro 10.000,00 wird 20 Jahre mit einem Jahreszins von 6 % und einer monatlichen Zinskapitalisierung angelegt. Als Endkapital ergibt sich:

$i_m = 0{,}06 / 12 = 0{,}005$

$q_m = 1 + 0{,}005 = 1{,}005$

$M = 20 \cdot 12 = 240$

$K_{240} = 10.000{,}00 \cdot 1{,}005^{240}$

$K_{240} = 33.102{,}04$

Zum Vergleich fällt das Endkapital bei jährlicher Zinskapitalisierung niedriger aus, da der unterjährige Zinseszinseffekt fehlt.

$i = 0{,}06$

$q = 1{,}06$

$T = 20$

$K_{20} = 10.000{,}00 \cdot 1{,}06^{20}$

$K_{20} = 32.071{,}36$

1.4.2 Nachschüssige, konstante Rente

Für die Rentenrechnung soll folgende Annahme gelten:

Die Rente wird ein Mal je Periode gezahlt.

Die Formeln lauten:

$a_m = C_0 \cdot KWF(i_m; M)$ **Unterjährige Verrentung eines Kapitals**

und

$C_0 = \dfrac{a_m}{KWF(i_m; M)}$ **Kapitalwert einer unterjährigen Rente**

mit

$KWF(i_m; M) = \dfrac{i_m \cdot q_m^M}{q_m^M - 1}$

Auch hierzu ein Beispiel: Für die Verrentung steht ein Kapital in Höhe von Euro 200.000,00 zur Verfügung. Der Zins beträgt jährlich 3 %, die Zinsen werden monatlich kapitalisiert und die Rentenzahlungen erfolgen 25 Jahre lang jeweils am Monatsende.

$i_m = 0,0025$

$q_m = 1,0025$

$M = 300$

$a_m = 200.000,00 \cdot KWF(0,0025; 300)$

$a_m = 948,42$

Bei einer jährlichen Kapitalisierung der Zinsen und einer jährlichen Zahlungsweise der Renten ergibt sich eine vergleichsweise höhere Rente. Dividiert man die Jahresrente durch 12, ergibt sich eine Monatsrente in Höhe von Euro 957,13. Zwar wirkt sich die monatliche Zinskapitalisierung günstig auf den Kapitalerhalt aus, allerdings fallen die Rentenzahlungen früher an und mindern das Kapital schon im Laufe des Jahres. Von daher ist ein solcher Vergleich auch nicht ganz in Ordnung, da die Auszahlungen zu verschiedenen Zeitpunkten anfallen.

$i = 0,03$

$T = 25$

$a = 200.000,00 \cdot KWF(0,03; 25)$

$a = 11.485,57$

$11.485,57 / 12 = 957,13$

1.4.3 Vorschüssige, konstante Rente

Die Formeln lauten:

$$a_m = \frac{C_0}{q_m} \cdot KWF(i_m; M) \quad \text{Unterjährige Verrentung eines Kapitals}$$

und

$$C_0 = \frac{a_m}{KWF(i_m; M)} \cdot q_m \quad \text{Kapitalwert einer unterjährigen Rente}$$

mit

$$KWF(i_m; M) = \frac{i_m \cdot q_m^M}{q_m^M - 1}$$

Auch für die veränderlichen Rentenformen wären unterjährige Formeln ableitbar. Sie sind eher von untergeordneter Bedeutung und werden daher nicht betrachtet.

1.5 Unterjährig einfache Verzinsung

1.5.1 Auf- und Abzinsung eines Kapitals

Die unterjährig einfache Verzinsung ist ähnlich der jährlichen Verzinsung, da die Zinsen lediglich jährlich kapitalisiert werden. Es gilt:

Die Zinsen werden an jedem Jahresende kapitalisiert.

Folglich haben die Formeln für die jährliche Auf- und Abzinsung auch Gültigkeit für die unterjährig einfache Verzinsung.

$$C_T = C_0 \cdot q^T \quad \text{Aufzinsung eines Kapitals}$$

und

$$C_0 = \frac{C_T}{q^T} \quad \text{Abzinsung eines Kapitals}$$

1.5.2 Nachschüssige, konstante Rente

Der Unterschied der unterjährig einfachen Verzinsung zur jährlichen Betrachtung liegt in der Rentenrechnung und rechtfertigt auch die Bezeichnung als unterjährige Verzinsung. Zunächst wird folgende Annahme getroffen:

Die Rente wird ein Mal pro Periode gezahlt.

Unterjährige Rentenzahlungen werden zwar zinsmäßig erfasst, führen aber erst am Jahresende zu einer Zinsgutschrift, sodass kein unterjähriger Zinseszinseffekt resultiert. Ein klassisches Beispiel ist das Sparbuch. Man kann die unterjährig einfache Verzinsung als eine um unterjährige Zinsen erhöhte jährliche Einzahlung interpretieren. Abbildung 1.10 zeigt die Berechnungsidee für eine Quartalsrente.

Abbildung 1.10: *Unterjährig einfache Verzinsung: Nachschüssige Rente*

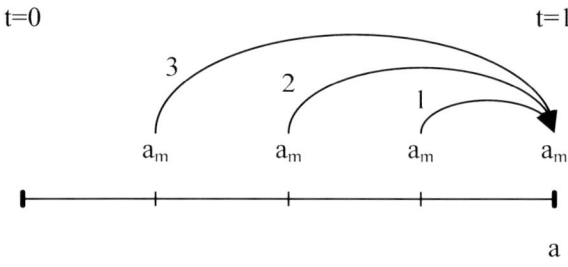

Die Rente am 30.03. ist für drei Quartale, die am 30.06. für zwei Quartale, die am 30.09. für ein Quartal und die am 30.12. für null Quartale zu verzinsen. Die Summe der Quartale 3 + 2 + 1 ergibt mit der Gaußschen Summenformel[14] für die ersten n Zahlen 3 · (3 + 1) / 2 = 6. Multipliziert man diese Summe mit dem Quartalszins i_m und der Quartalsrente a_m, resultieren die unterjährigen Zinsen, die zu den vier Rentenzahlungen hinzuaddiert werden, um auf die jährliche „Gesamteinzahlung" zu kommen.

$$a = a_m \cdot \left(m + \frac{(m-1) \cdot m}{2} \cdot i_m \right)$$

---

14 Die Gaußsche Summenformel lautet: (n + 1) · n / 2. Gauß sollte als Schüler die ersten 100 Zahlen aufaddieren und kam auf folgende Idee: 1 + 100 = 101, 2 + 99 = 101 usw. Von diesen Paaren gibt es 50 Stück. Somit kann man auch 101 · 50 rechnen.

1.5 Unterjährig einfache Verzinsung

Setzt man in die jährliche Rentenformel für a obigen Term ein, erhält man die Formeln für die unterjährig einfache Verzinsung:

$$a_m = \frac{C_0 \cdot KWF}{\left(m + \frac{(m-1) \cdot m}{2} \cdot i_m\right)}$$ **Unterjährige Verrentung eines Kapitals**

und

$$C_0 = \frac{a_m \cdot \left(m + \frac{(m-1) \cdot m}{2} \cdot i_m\right)}{KWF}$$ **Kapitalwert einer unterjährigen Rente**

mit

$$KWF = \frac{i \cdot q^T}{q^T - 1}$$

Man registriere, dass der KWF sich auf die Jahresangaben i und T bezieht. Abschließend wird mit Hilfe eines Beispiels die jährliche Verzinsung, die unterjährige Verzinsung mit Zinseszins und die unterjährig einfache Verzinsung vergleichend dargestellt. Dazu soll ein Kapital in Höhe von Euro 100.000,00 über 20 Jahre zu 6 % Jahreszins nachschüssig verrentet werden. Die Tabellen zeigen die Kapitalentwicklung der ersten zwei Jahre. Als unterjährige Perioden werden Quartale gewählt.

Jährliche Verzinsung

a = 100.000,00 · KWF (0,06; 20)

a = 8.718,46

Tabelle 1.9: Jährliche Verrentung mit jährlicher Verzinsung

Jahr	Anfangskapital	Zinsen	Kapitalverzehr	Rente	Endkapital
Jahr	Anfangskapital	Zinsen	Tilgung	Annuität	Endkapital
1	100.000,00	6.000,00	2.718,46	8.718,46	97.281,54
2	97.281,54	5.836,89	2.881,57	8.718,46	94.399,97

Unterjährige Verzinsung mit Zinseszins (Quartal)

$a_m = 100.000,00 \cdot \text{KWF}(0,015; 80)$

$a_m = 2.154,83$

In Tabelle 1.10 sieht man im Vergleich zur unterjährig einfachen Verzinsung, dass nur der Kapitalverzehr bzw. nur die Tilgung vom Kapital abgezogen wird, oder anders ausgedrückt: die Zinsen werden quartalsmäßig dem Kapital zugeschlagen. Für einen Anlagefall ist dies von Vorteil, für einen Kreditfall von Nachteil.

Tabelle 1.10: *Quartalsmäßige Verrentung mit unterjähriger Verzinsung mit Zinseszins*

Jahr	Quartal	Anfangskapital	Zinsen	Kapitalverzehr	Rente	Endkapital
Jahr	Quartal	Anfangskapital	Zinsen	Tilgung	Annuität	Endkapital
1	1	100.000,00	1.500,00	654,83	2.154,83	99.345,17
	2	99.345,17	1.490,18	664,65	2.154,83	98.680,52
	3	98.680,52	1.480,21	674,62	2.154,83	98.005,90
	4	98.005,90	1.470,09	684,74	2.154,83	97.321,16
2	1	97.321,16	1.459,82	695,01	2.154,83	96.626,15
	2	96.626,15	1.449,39	705,44	2.154,83	95.920,71
	3	95.920,71	1.438,81	716,02	2.154,83	95.204,69
	4	95.204,69	1.428,07	726,76	2.154,83	94.477,93

Unterjährig einfache Verzinsung (Quartal)

$$a_m = \frac{100.000,00 \cdot \text{KWF}(0,06; 20)}{\left(4 + \frac{(4-1) \cdot 4}{2} \cdot 0,015\right)}$$

$a_m = 2.131,65$

Die Annuität ist niedriger, da der unterjährige Zinseszinseffekt fehlt.

Tabelle 1.11: Quartalsmäßige Verrentung mit unterjährig einfacher Verzinsung

Jahr	Quartal	Anfangskapital	Zinsen	Zinsspeicher	Rente	Endkapital
Jahr	Quartal	Anfangskapital	Zinsen	Zinsspeicher	Annuität	Endkapital
1	1	100.000,00	1.500,00	1.500,00	2.131,65	97.868,35
	2	97.868,35	1.468,03	2.968,03	2.131,65	95.736,70
	3	95.736,70	1.436,05	4.404,08	2.131,65	93.605,05
	4	93.605,05	1.404,08	0,00	2.131,65	97.281,56
2	1	97.281,56	1.459,22	1.459,22	2.131,65	95.149,91
	2	95.149,91	1.427,25	2.886,47	2.131,65	93.018,26
	3	93.018,26	1.395,27	4.281,74	2.131,65	90.886,61
	4	90.886,61	1.363,30	0,00	2.131,65	94.400,00

Das Kapital sinkt in Tabelle 1.11 um die gesamte Rente bzw. Annuität und die Zinsen werden in einem Zinsspeicher geparkt, ehe sie am Jahresende kapitalisiert werden. Das Endkapital am ersten Jahresende ergibt sich wie folgt:

$$93.605,05 - 2.131,65 + 1.404,08 + 4.404,08 = 97.281,56$$

Die verspätete Zinskapitalisierung wirkt sich für den Kreditfall positiv und für den Anlagefall negativ aus.

1.5.3 Vorschüssige, konstante Rente

Zur Berechnung einer vorschüssigen Rente wird im Gegensatz zur unterjährig einfachen Verzinsung, aber auch zur jährlichen Verzinsung nicht mit einem Faktor q_m bzw. q gearbeitet, sondern der Klammerausdruck für die Anzahl der zu verzinsenden Quartale verändert. Die Anzahl der Quartale ist bei der vorschüssigen Betrachtung größer, wie in Abbildung 1.11 gezeigt wird.

Somit muss die Gaußsche Summenformel um Eins verschoben werden und es ergeben sich folgende Formeln:

$$a_m = \frac{C_0 \cdot KWF}{\left(m + \frac{m \cdot (m+1)}{2} \cdot i_m\right)}$$ **Unterjährige Verrentung eines Kapitals**

1 Finanzmathematische Grundlagen

und

$$C_0 = \frac{a_m \cdot \left(m + \frac{m \cdot (m+1)}{2} \cdot i_m\right)}{KWF}$$ **Kapitalwert einer unterjährigen Rente**

mit

$$KWF = \frac{i \cdot q^T}{q^T - 1}$$

Abbildung 1.11: Unterjährig einfache Verzinsung: Vorschüssige Rente

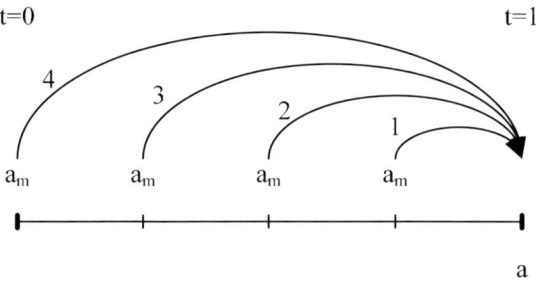

1.6 Zusammenfassung

In diesem Abschnitt sollen die wichtigsten Annahmen, Regeln und Definitionen zusammengefasst sowie die Formeln in übersichtlicher Form dargestellt werden. Dabei wird zwischen jährlicher und unterjähriger Verzinsung mit Zinseszins sowie unterjährig einfacher Verzinsung unterschieden.

Jährliche Verzinsung

Annahmen

- Die Zinsen werden an jedem Jahresende kapitalisiert.
- Die Renten werden jährlich gezahlt.

1.6 Zusammenfassung

Regeln und Definitionen

- Die Anzahl der Zeitpunkte ist um Eins größer als die Anzahl der Perioden.
- Die Indices der Kapitalien beziehen sich auf die Zeitpunkte.
- Für die Auf- und Abzinsung eines einzelnen Kapitals wird der Faktor q^T verwendet.
- Bei der Aufzinsung wird C_0 mit q^T multipliziert und bei der Abzinsung C_T durch q^T dividiert.
- Bei der Rentenrechnung wird mit dem Faktor KWF bzw. KWFP gerechnet.
- Für konstante Renten ist der KWF und für veränderliche Renten der KWFP zu verwenden.
- Der KWF ist für $q = 1$ und der KWFP für $q = p$ nicht definiert.
- Zur Berechnung einer Rente muss der Kapitalwert mit dem KWF bzw. KWFP multipliziert werden und zur Ermittlung des Kapitalwertes muss die Rente durch den KWF bzw. KWFP dividiert werden.
- Für vorschüssige Renten wird der Faktor q berücksichtigt.
- Bei der vorschüssigen, veränderlichen Rente wird die Anfangsrente a_0 ermittelt.
- Bei der nachschüssigen, veränderlichen Rente wird die Anfangsrente a_1 ermittelt.
- Die unendliche, konstante Rente entspricht den Zinsen. Die Rente wird nachschüssig gezahlt.
- Die unendliche, veränderliche Rente entspricht der Differenz aus Zinsen und einem Kapitalaufbau um p. Die Rente wird nachschüssig gezahlt.
- Zahlungen dürfen nur dann aufaddiert werden, wenn sie sich auf denselben Zeitpunkt beziehen.
- Der Kapitalwert ist die Summe der auf den Zeitpunkt Null abgezinsten Zahlungen.

In Tabelle 1.12 sind alle Formeln unter der Annahme der jährlichen Verzinsung zusammengestellt. Mit Blick auf die Kapitalwertberechnung von Investitionen in Kapitel 2 ist das Augenmerk auf die **rechte Spalte** zu richten.

Tabelle 1.12: *Finanzmathematische Formeln (Jährliche Verzinsung)*

Auf- und Abzinsung eines Kapitals

Aufzinsung	Abzinsung
$C_T = C_0 \cdot q^T$	$C_0 = \dfrac{C_T}{q^T}$

Verrentung eines Kapitals und Kapitalwert einer Rente

Verrentung eines Kapitals	Kapitalwert einer Rente

Nachschüssige, konstante Rente

$$a = C_0 \cdot KWF \qquad\qquad C_0 = \frac{a}{KWF}$$

Nachschüssige, veränderliche Rente

$$a_1 = C_0 \cdot KWFP \qquad\qquad C_0 = \frac{a_1}{KWFP}$$

Vorschüssige, konstante Rente

$$a = \frac{C_0}{q} \cdot KWF \qquad\qquad C_0 = \frac{a}{KWF} \cdot q$$

Vorschüssige, veränderliche Rente

$$a_0 = \frac{C_0}{q} \cdot KWFP \qquad\qquad C_0 = \frac{a_0}{KWFP} \cdot q$$

Unendliche Rente

Unendliche Verrentung eines Kapitals	Kapitalwert einer unendlichen Rente

Nachschüssige, konstante Rente

$$a = C_0 \cdot i \qquad\qquad C_0 = \frac{a}{i}$$

Nachschüssige, veränderliche Rente

$$a_1 = C_0 \cdot (q - p) \qquad\qquad C_0 = \frac{a_1}{(q - p)}$$

Faktoren

$$KWF\,(i;\,T) = \frac{i \cdot q^T}{q^T - 1} \qquad\qquad KWFP\,(i;\,T;\,p) = \frac{q - p}{1 - \left(\frac{p}{q}\right)^T}$$

1.6 Zusammenfassung

Unterjährige Verzinsung mit Zinseszins

Annahmen

- Die Zinsen werden an jedem unterjährigen Periodenende kapitalisiert.
- Die Renten werden ein Mal je Periode gezahlt.

Regeln

- Der unterjährige Zins i_m ergibt sich durch die Division des Jahreszinses durch m.
- Die Periodenanzahl M wird durch die Multiplikation der Anzahl der Jahre mit m errechnet.
- Die Regeln der jährlichen Verzinsung sind auf die unterjährige Verzinsung mit Zinseszins analog übertragbar.[15]

Tabelle 1.13 gibt eine Übersicht über die Formeln der unterjährigen Verzinsung.

Tabelle 1.13: *Finanzmathematische Formeln (Unterjährige Verzinsung mit Zinseszins)*

Auf- und Abzinsung eines Kapitals

Aufzinsung	Abzinsung
$C_M = C_0 \cdot q_m^M$	$C_0 = \dfrac{C_M}{q_m^M}$

Verrentung eines Kapitals und Kapitalwert einer Rente

Verrentung eines Kapitals	Kapitalwert einer Rente
Nachschüssige, konstante Rente	
$a_m = C_0 \cdot \text{KWF}$	$C_0 = \dfrac{a_m}{\text{KWF}}$
Vorschüssige, konstante Rente	
$a_m = \dfrac{C_0}{q_m} \cdot \text{KWF}$	$C_0 = \dfrac{a_m}{\text{KWF}} \cdot q_m$

Faktor

$$\text{KWF}(i_m; M) = \frac{i_m \cdot q_m^M}{q_m^M - 1}$$

---

[15] Veränderliche Renten und die unendliche Rente werden nicht unterjährig betrachtet.

Unterjährig einfache Verzinsung

Annahmen

- Die Zinsen werden an jedem Jahresende kapitalisiert.
- Die Renten werden ein Mal je Periode gezahlt.

Regeln

- **Für die Aufzinsung wird der jährliche Faktor q^T verwendet.**
- Bei der Rentenrechnung ist mit dem jährlichen Faktor KWF zu rechnen.
- Die Zinsen auf die unterjährigen Zahlungen werden mit Hilfe der Gaußschen Summenformel und dem unterjährigen Zins i_m erfasst.
- Der unterjährige Zins i_m ergibt sich durch die Division des Jahreszinses durch m.
- Für vorschüssige Renten wird nicht der Faktor q oder q_m benötigt, sondern die Gaußsche Summenformel angepasst.

Tabelle 1.14: *Finanzmathematische Formeln (Unterjährig einfache Verzinsung)*

Auf- und Abzinsung eines Kapitals

Aufzinsung	Abzinsung
$C_T = C_0 \cdot q^T$	$C_0 = \dfrac{C_T}{q^T}$

Verrentung eines Kapitals und Kapitalwert einer Rente

Verrentung eines Kapitals	Kapitalwert einer Rente

Nachschüssige, konstante Rente

$$a_m = \frac{C_0 \cdot KWF}{\left(m + \dfrac{(m-1) \cdot m}{2} \cdot i_m\right)} \qquad C_0 = \frac{a_m \cdot \left(m + \dfrac{(m-1) \cdot m}{2} \cdot i_m\right)}{KWF}$$

Vorschüssige, konstante Rente

$$a_m = \frac{C_0 \cdot KWF}{\left(m + \dfrac{m \cdot (m+1)}{2} \cdot i_m\right)} \qquad C_0 = \frac{a_m \cdot \left(m + \dfrac{m \cdot (m+1)}{2} \cdot i_m\right)}{KWF}$$

Faktor

$$KWF = \frac{i \cdot q^T}{q^T - 1}$$

2 Dynamische Investitionsrechnung

2.1 Überblick

In der Investitionsrechnung wird zwischen den dynamischen und den statischen Methoden unterschieden. Während die dynamischen Investitionsrechnungsmethoden zwar aufwendiger aber genauer sind, zeichnen sich die statischen Methoden durch ihre Einfachheit aus. Tabelle 2.1 gibt einen Überblick.

Tabelle 2.1: Dynamische und statische Investitionsrechnung

Methodenart	**Dynamisch**	**Statisch**
Methoden	Kapitalwertmethode	Kostenvergleichsrechnung
	Annuitätenmethode	Gewinnvergleichsrechnung
	Dynamische Amortisationszeit	Rentabilitätsvergleichsrechnung
	Interne Zinsfußmethode	Statische Amortisationszeit
Rechenebene	Einzahlung und Auszahlung	Aufwand bzw. Kosten und Ertrag
Zeitlicher Anfall	Berücksichtigung	Durchschnittsbildung

Die wichtigste dynamische Methode ist die Kapitalwertmethode, die in diesem Kapitel ausführlich behandelt wird. Die Annuitätenmethode, die dynamische Amortisationszeit und die interne Zinsfußmethode leiten sich aus der Kapitalwertmethode ab und sind mit wenigen Sätzen erklärt. Als Rechenebene werden Einzahlungen und Auszahlungen verwendet, da sich Kontostände nur durch Zahlungen ändern. Die Kontostände dienen als Berechnungsgrundlage für die Zinsen. Der zeitliche Anfall der Zahlungen wird exakt abgebildet, indem jede Zahlung einem Zeitpunkt zugewiesen wird.

Zu den statischen Investitionsrechnungsmethoden gehören die Kostenvergleichsrechnung, die Gewinnvergleichsrechnung, die Rentabilitätsvergleichsrechnung und die statische Amortisationszeit. Sie werden in Kapitel 3 dargestellt. Die statischen Methoden zeichnen sich gegenüber den dynamischen durch die Verwendung der Rechenebene Aufwand/ Kosten und Erträge aus. Weiterhin findet der zeitliche Anfall der Erfolge keine Berücksichtigung, stattdessen wird eine repräsentative Durchschnittsperiode betrachtet. Gerade bei langen Laufzeiten und Schwankungen der Erfolge im Zeitablauf bieten die statischen Methoden nur noch eine ungenaue Entscheidungsgrundlage. Die dynamischen Methoden sind den statischen vorzuziehen.

2 Dynamische Investitionsrechnung

Mit Hilfe der dynamischen Investitionsrechnungsmethoden lassen sich drei Grundprobleme lösen:

- Vorteilhaftigkeit
- Auswahlproblem
- Optimale Laufzeit

Bei dem Problem der Vorteilhaftigkeit geht es darum, ob eine Investition lohnend ist. Vom Auswahlproblem spricht man, wenn mehrere Investitionen alternativ zur Auswahl stehen und die beste Alternative bestimmt werden soll. Bei der optimalen Laufzeit ist die Anzahl der Jahre gesucht, nach der zum Beispiel eine Maschine die Produktion einstellen, verkauft und eventuell durch eine neue Maschine ersetzt werden sollte.

Da die Rückflüsse, die mit einer Investition in Verbindung stehen, in die Zukunft reichen, müssen sie geschätzt werden. Diese Schätzungen sind mit Risiko[16] behaftet. Daher gibt es eine Reihe von Instrumenten, die die Entscheidung auf ein breiteres Fundament stellen. Hierfür werden die risikobehafteten Inputdaten variiert und die Auswirkungen auf das Ergebnis dargestellt. Bei den neu gewonnenen Informationen handelt es sich zum Beispiel um Mindestabsatzmengen, Abweichungen vom Zielerwartungswert oder Wahrscheinlichkeitsaussagen über den Zielwert.

Bei allen drei Problemen können die Steuern Berücksichtigung finden. Mit Steuern sind die Steuern auf das Einkommen und den Ertrag gemeint. Dazu gehören die Einkommen-, die Körperschaft- und die Gewerbeertragsteuer sowie der Solidaritätszuschlag.[17] Einerseits ist die steuerliche Belastung so hoch, dass sie nicht einfach vernachlässigt werden kann. Andererseits verkompliziert die Berücksichtigung der Steuern mit zunehmender Detailgenauigkeit die Berechnungen ganz erheblich. Zudem verursacht die Reformfreude der Steuergesetzgebung eine zusätzliche Unsicherheit der zukünftigen Zahlungsströme. Als Konsequenz wird die Kapitalwertmethode mit allen drei Problemstellungen zunächst ohne und dann mit Berücksichtigung von Steuern dargestellt.

---

16 In der Betriebswirtschaft wird bei der Berücksichtigung von Unsicherheit zwischen Risiko und Ungewissheit unterschieden. Bei risikobehafteten Inputdaten kann der Entscheider eine Einschätzung abgeben und hat eine Vorstellung von der Wahrscheinlichkeit des Auftretens der Ausprägungen. Hingegen bestehen bei Ungewissheit keinerlei Vorstellungen über die Verteilung der Ausprägungen der Inputdaten.

17 Die übrigen Steuern sind Kostensteuern und werden als zahlungswirksamer Aufwand behandelt.

2.2 Kapitalwertmethode ohne Berücksichtigung von Steuern

2.2.1 Zahlungsreihe und Kapitalwertformel

Mit Blick auf die dynamische Investitionsrechnung wird zunächst der Begriff Investition wie folgt definiert:

Eine Investition ist eine Zahlungsreihe, die mit einer Auszahlung beginnt.

Am Anfang einer Investition zum Zeitpunkt t = 0 steht die Auszahlung für die Anschaffung, zum Beispiel einer Maschine. Am Ende des Planungshorizontes in t = T wird die Maschine verkauft oder entsorgt. Im Falle eines Verkaufserlöses resultiert eine Einzahlung, im Falle einer Entsorgung ist eine Auszahlung zu berücksichtigen. Die mit einer Investition verbundenen zahlungswirksamen Erfolge[18] wie Umsätze, Materialaufwand, Personalaufwand und Instandhaltung sowie eine Generalüberholung werden dem jeweiligen Jahresende zugerechnet.[19] Dahinter steht der Gedanke der Vorsicht, da unter der Annahme eines jährlichen Überschusses die eingehenden Zahlungen systematisch später berücksichtigt werden, als sie tatsächlich anfallen.

Tabelle 2.2: *Investition*

Zeitpunkt	t = 0	t = 1	t = 2	t = 3	t = 4	t = 5
Anschaffung	100.000,00					
Umsätze		440.000,00	440.000,00	440.000,00	440.000,00	440.000,00
Material		334.400,00	334.400,00	334.400,00	334.400,00	334.400,00
Personal		60.000,00	61.200,00	62.424,00	63.672,48	64.945,93
Instand		5.000,00	5.000,00	5.000,00	5.000,00	5.000,00
General				20.000,00		
Verkauf						10.000,00
Zahlungsreihe	- 100.000,00	40.600,00	39.400,00	18.176,00	36.927,52	45.654,07

---

18 Mögliche Zinsaufwendungen gehören nicht dazu, da diese durch die Abzinsung berücksichtigt werden.
19 Abschreibungen sind nicht zahlungswirksam, da sie zu keinem Mittelabfluss auf dem Bankkonto oder in der Kasse führen. Sie führen lediglich zu einem geringeren Vermögensausweis auf dem Sachanlagenkonto.

2 Dynamische Investitionsrechnung

Tabelle 2.2 zeigt ein Beispiel für eine Investition. Wie in den finanzmathematischen Grundlagen beschrieben, ist die wichtigste Regel der Finanzmathematik, dass Zahlungen nur dann saldiert werden dürfen, wenn sie sich auf denselben Zeitpunkt beziehen. Somit darf spaltenweise saldiert werden und es resultiert die Zahlungsreihe der Investition. Der Kapitalwert C_0 der Investition ist die Summe der auf den Zeitpunkt Null abgezinsten Zahlungen, d. h. der Zahlungsüberschuss zum Zeitpunkt t = 0. Dieser ist positiv, wenn die abgezinsten Rückflüsse die Anschaffungsauszahlung übersteigen. Für die Vorteilhaftigkeit einer Investition gilt folgende Regel:

Eine Investition ist vorteilhaft, wenn ihr Kapitalwert positiv ist.

Die Interpretation des Kapitalwertes gestaltet sich zunächst als schwierig, da der Überschuss zum Zeitpunkt t = 0 anfällt. Weiterhin ist die Interpretation des Kapitalwertes auch von der Art der Finanzierung abhängig. Die Finanzierung wiederum bestimmt die Höhe des Kalkulationszinses. Diese Probleme sind Gegenstand der folgenden Abschnitte 2.2.2 und 2.2.3. In diesem Abschnitt soll es zunächst nur um die mathematische Betrachtung des Kapitalwertes gehen.

Für das Beispiel der Investition aus Tabelle 2.2 nehmen wir einen Kalkulationszins von i = 0,1 an. Abbildung 2.1 zeigt anschaulich die Berechnung des Kapitalwertes durch die Addition der abgezinsten Rückflüsse zu der Anschaffungsauszahlung.

Abbildung 2.1:   *Kapitalwertberechnung*

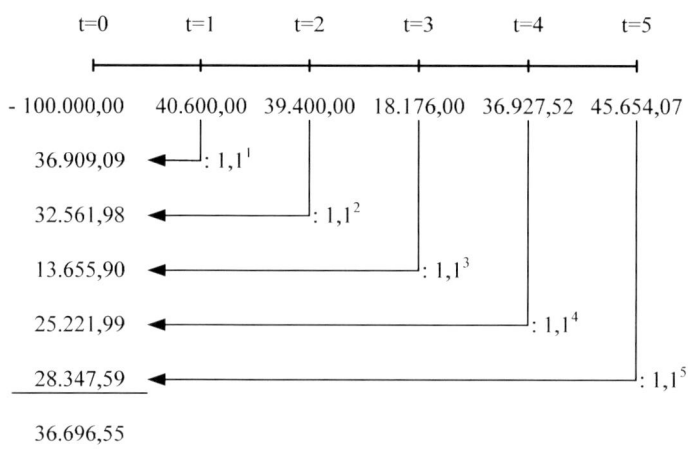

$$C_0 = -100.000{,}00 + \frac{40.600{,}00}{1{,}1^1} + \frac{39.400{,}00}{1{,}1^2} + \frac{18.176{,}00}{1{,}1^3} + \frac{36.927{,}52}{1{,}1^4} + \frac{45.654{,}07}{1{,}1^5}$$

$$C_0 = 36.696{,}55$$

2.2 Kapitalwertmethode ohne Berücksichtigung von Steuern

Der Kapitalwert ist positiv und die Investition vorteilhaft.

Die Höhe des Kapitalwertes hängt von den 3 Z ab.[20] Damit sind die Zahlungshöhe, der zeitliche Anfall und der Zinssatz gemeint. Es gilt folgende Regel:

**Je höher die Zahlungen,
je früher der zeitliche Anfall,
je niedriger der Zinssatz,
desto höher ist der Kapitalwert.**[21]

Erhöht man ausgehend von der Zahlungsreihe der Tabelle 2.2 die **Zahlungshöhe** der Rückflüsse um jeweils Euro 10.000,00, ergibt sich ein höherer Kapitalwert.

$$C_0 = -100.000,00 + \frac{50.600,00}{1,1^1} + \frac{49.400,00}{1,1^2} + \frac{28.176,00}{1,1^3}$$

$$+ \frac{46.927,52}{1,1^4} + \frac{55.654,07}{1,1^5}$$

$$C_0 = 74.604,42$$

Verändert man den **zeitlichen Anfall**, indem die Zahlungen in t = 1 und t = 2 um jeweils Euro 10.000,00 angehoben und in t = 4 und t = 5 um jeweils Euro 10.000,00 gesenkt werden, resultiert ein höherer Kapitalwert. Der Grund hierfür liegt in der geringeren Abzinsung früher Rückflüsse durch einen kleineren Nenner. Ein weiterer Vorteil früher Rückflüsse ist die bessere Prognosequalität. Weit in der Zukunft liegende Zahlungen sind mit viel Risiko behaftet.

$$C_0 = -100.000,00 + \frac{50.600,00}{1,1^1} + \frac{49.400,00}{1,1^2} + \frac{18.176,00}{1,1^3}$$

$$+ \frac{26.927,52}{1,1^4} + \frac{35.654,07}{1,1^5}$$

$$C_0 = 41.012,58$$

Senkt man den **Zinssatz** auf i = 0,08, so erhöht sich der Kapitalwert. Die Rückflüsse werden nicht so stark abgezinst.

---

20 Vgl. Däumler/ Grabe (2007), S. 64.
21 Dies gilt nur für eine normale Investition mit ausschließlich positiven Rückflüssen. Bei Zahlungsreihen mit negativen Rückflüssen kann die Aussage falsch werden. Weitere Ausführungen hierzu findet der Leser in Abschnitt 2.3.4 über die interne Zinsfußmethode.

Dynamische Investitionsrechnung

$$C_0 = -100.000,00 + \frac{40.600,00}{1,08^1} + \frac{39.400,00}{1,08^2} + \frac{18.176,00}{1,08^3}$$

$$+ \frac{36.927,52}{1,08^4} + \frac{45.654,07}{1,08^5}$$

$$C_0 = 44.014,66$$

Die bisherige Vorgehensweise aus Tabelle 2.2, die Zahlungen der jeweiligen Zeitpunkte zu saldieren, um die Zahlungsreihe zu ermitteln, erweist sich für viele spätere Berechnungen als unpraktisch. Für beispielsweise eine Break-even-Analyse ist die untenstehende Kapitalwertformel wesentlich besser geeignet. Zunächst werden folgende Symbole eingeführt:

- AK = Anschaffungsauszahlung
- VK = Verkaufserlös
- db = Deckungsbeitrag je Mengeneinheit (ME)
- x = Menge pro Jahr
- Perso = Personalaufwand pro Jahr
- Inst = Instandhaltung pro Jahr
- Gen = Generalüberholung

Die Kapitalwertformel lautet:

$$C_0 = -AK + \frac{db}{KWF} \cdot x - \frac{\text{Konstante/ Veränderliche Annuität}}{KWF/ KWFP}$$

$$- \frac{\text{Unregelmäßige Zahlung}}{q^t} + \frac{VK}{q^T} \qquad \textbf{Kapitalwertformel}$$

Die Anschaffungsauszahlung AK wird nicht abgezinst, da sie sich bereits auf den Zeitpunkt Null bezieht. Der Deckungsbeitrag je Mengeneinheit db soll als Preis minus proportionale Aufwendungen verstanden werden. In der Regel verhalten sich die Umsätze und die Materialaufwendungen proportional zur ausgebrachten Menge. Der jährliche Deckungsbeitrag db · x wird als konstante Annuität angenommen und folglich mit dem KWF abgezinst.

Die Personalaufwendungen können als konstante oder – bedingt durch Tariferhöhungen – veränderliche Annuität abgebildet werden. Je nach dem ist der KWF oder der KWFP zu verwenden. Es wird vernachlässigt, dass die Personalaufwendungen in gewissem Maße auch von der Beschäftigung, d. h. von der Menge x abhängen, da bei zum Beispiel zu geringer Auslastung Entlassungen drohen. Genau genommen sind die Personalaufwendungen sprungfix. Die Vernachlässigung dieses Aspektes führt bei einer niedrigen Beschäftigung zu einer zu hohen Berücksichtigung von Personalaufwendungen und somit zu einem zu niedrigen Ausweis des Kapitalwertes. Umgekehrt werden bei einer hohen Auslastung durch Überstunden und Neueinstellungen die Personalaufwendungen unterschätzt und der Kapitalwert fällt zu hoch aus.

Die Instandhaltungsaufwendungen werden ähnlich wie die Personalaufwendungen behandelt. Bei konstantem Verlauf sind sie mit dem KWF und bei einer mit zunehmendem Alter der Maschine steigenden Tendenz mit dem KWFP abzuzinsen. Auch hier wird die Abhängigkeit der Instandhaltungsaufwendungen von der Beschäftigung vernachlässigt. Bei hoher Auslastung ist der Verschleiß in der Regel höher, es fallen höhere Instandhaltungsaufwendungen an und der Kapitalwert wird zu hoch ausgewiesen. Entsprechend führt eine niedrige Auslastung zu einem zu niedrigen Ausweis des Kapitalwertes.

Alle unregelmäßigen Zahlungen sind einzeln und zeitpunktgenau abzuzinsen, was durch den Zeitpunktindex t angedeutet wird. Auf die exakte mathematische Schreibweise mit einem Summenzeichen wird aus Vereinfachungsgründen verzichtet. Das klassische Beispiel für eine unregelmäßige Zahlung ist die Generalüberholung in der Mitte eines Maschinenlebens. Der Verkaufserlös am Ende des Planungshorizontes wird um T Perioden abgezinst.

Maschine A

− $i = 0,1$		
− $T = 5$		
− $x = 2.200$ ME pro Jahr		
− db je ME	Euro	48,00
− AK Beginn 1. Jahr	Euro	100.000,00
− VK Ende 5. Jahr	Euro	10.000,00
− Perso pro Jahr nachschüssig mit 2 % Steigerung	Euro	60.000,00
− Inst pro Jahr nachschüssig	Euro	5.000,00
− Gen Ende 3. Jahr	Euro	20.000,00

Die Kapitalwertformel soll nun anhand des Investitionsbeispiels der Maschine A vorgestellt werden. Die Daten hierfür sind der Tabelle 2.2 entnommen und ergänzt worden. Auf die Maschine A wird im Laufe dieses Buches immer wieder Bezug genommen.[22]

Bei der Anwendung der Kapitalwertformel ist insbesondere darauf zu achten, welche Zahlungen regelmäßig als konstante oder veränderliche Annuität anfallen und welche Zahlungen unregelmäßig bzw. einmalig zu berücksichtigen sind.

---

22 Um ein Nachschlagen zu erleichtern, sind die Daten für die Maschine A noch einmal in Anhang 6 aufgeführt.

Dynamische Investitionsrechnung

$$C_0 = -AK + \frac{db}{KWF} \cdot x - \frac{Perso}{KWFP} - \frac{Inst}{KWF} - \frac{Gen}{q^t} + \frac{VK}{q^T}$$

$$C_0 = -100.000,00 + \frac{48,00}{KWF(0,1;5)} \cdot 2.200 - \frac{60.000,00}{KWFP(0,1;5;1,02)}$$

$$- \frac{5.000,00}{KWF(0,1;5)} - \frac{20.000,00}{1,1^3} + \frac{10.000,00}{1,1^5}$$

$$C_0 = 36.696,55$$

Der Kapitalwert entspricht dem mit Hilfe der Zahlungsreihe ermittelten Wert. In den folgenden Ausführungen wird hauptsächlich mit der Kapitalwertformel gearbeitet.

2.2.2 Wahl des Kalkulationszinses

Die Höhe des Kalkulationszinses ist abhängig von der Finanzierung und hat maßgeblichen Einfluss auf die Höhe des Kapitalwertes. In der Literatur gibt es eine Fülle von Vorschlägen. Der Autor unterscheidet in Tabelle 2.3 neben der Art der Finanzierung auch nach realen und abstrakten Ansätzen. Bei der Fremdfinanzierung wird ein Kredit aufgenommen. Dies ist bei der Eigenfinanzierung nicht der Fall, da das Geld bereits zur Verfügung steht, in beispielsweise kurzfristigen Geldmarktpapieren geparkt ist und auf seine Verwendung wartet. Werden Fremd- und Eigenfinanzierung miteinander kombiniert, spricht man von einer Mischfinanzierung.

Unter **realen Ansätzen** versteht der Autor, dass bei der Berechnung des Kapitalwertes die Rückflüsse der Investition auf ein reales Konto fließen. Dies ist vornehmlich bei der **Fremdfinanzierung** der Fall. Durch die Rückflüsse wird der Kredit getilgt. Das heißt, der Kapitalwert der Investition ist als Zahlungsüberschuss wirklich auf dem Konto vorhanden und interpretierbar.[23]

Die **abstrakten** Ansätze werden für die **Eigenfinanzierung** benötigt. Da die Kosten für das Eigenkapital nur schwer zu ermitteln bzw. nicht vorhanden sind, behilft man sich mit dem Opportunitätsgedanken und fragt, was statt der Investition sonst mit dem Geld hätte geschehen können. Das heißt, es wird nach einem Mindestverzinsungsanspruch für die Anteilseigner gesucht, der inklusive einer Risikoprämie aus dem Markt abgeleitet wird. Zwar bedeutet ein positiver Kapitalwert weiterhin die Vorteilhaftigkeit einer Investition, der Kapitalwert als solcher verliert aber seine Aussagekraft. In Tabelle 2.3 werden die verschiedenen Finanzierungsarten mit den dazugehörigen möglichen Kalkulationszinssätzen[24] aufgeführt und im Anschluss diskutiert.

---

23 Weitere Ausführungen hierzu werden im folgenden Abschnitt 2.2.3 gemacht.
24 Die Zinsen für Kontokorrentkredite weisen in der Praxis eine große Spannweite auf, sodass sich die 10 % in der Tabelle 2.3 nur als Beispiel verstehen.

Tabelle 2.3: Kalkulationszins

Finanzierungsart	Kalkulationszins	Ansatz	%
Fremdfinanzierung			
Kontokorrentkredit	Kontokorrentkreditzins	real	10
Darlehen mit flexibler Tilgung	Darlehenszins	real	6
Darlehen mit fester Tilgung	Kontokorrentkreditzins	real	5,5
Finanzierung am GKM	GKM-Satz	real	4
Eigenfinanzierung			
Vergleich mit GKM	GKM-Satz plus Risikoaufschlag	abstrakt	9
Vergleich mit DAX	DAX-Rendite	abstrakt	10
Vergleich mit SDAX	SDAX-Rendite	abstrakt	9
Vergleich mit Branchenindex	Branchenrendite	abstrakt	0 - 24
Vergleich mit CAPM	Formel mit β-Faktor	abstrakt	7 - 15
Mischfinanzierung			
Gemisch	Gewogener Durchschnitt	abstrakt	

Für eine über einen Kontokorrentkredit finanzierte Investition ist der Kontokorrentkreditzins (KKK-Zins) als Kalkulationszins zu wählen, da alle Rückflüsse der Investition über das laufende Konto abgewickelt werden. Allerdings muss das laufende Konto über die gesamte Investitionsdauer im Soll sein, damit mit dem KKK-Zins gerechnet werden darf. Weiterhin kommt der teure Kontokorrentkredit nur für kleine Investitionen in Betracht, große Vorhaben werden mit zinsgünstigeren Mitteln finanziert.

Für ein Darlehen mit flexibler Tilgung ist der Darlehenszins zu wählen. Dafür muss die Voraussetzung erfüllt sein, dass die Rückflüsse auch wirklich zur Tilgung verwendet werden. In der Regel ist das Darlehen vor Ablauf der Nutzungsdauer der Maschine getilgt und es stellt sich die Frage, was mit den Rückflüssen passiert, wenn sie nicht mehr zur Tilgung benötigt werden. Rechnet man bei der Abzinsung für die Zeit nach der Tilgung einfach mit dem Darlehenszins weiter, impliziert dies die Annahme, dass die Rückflüsse für die Tilgung eines anderen Krediteş mit demselben Zins genutzt werden oder dass die Rückflüsse einer Anlageform mit selbiger Verzinsung zugeführt werden.

Für ein Darlehen mit fester Tilgung kann nicht der Darlehenszins als Kalkulationszins verwendet werden. Dafür gibt es zwei Gründe: Zum einen entsprechen die Rückflüsse aus der Investition in den seltensten Fällen den Darlehensraten. Die Differenzbeträge würden zu vom Darlehenszins unterschiedlichen Konditionen aufgenommen oder angelegt werden. Zum anderen ist es wie beim Darlehen mit flexibler Tilgung kritisch zu sehen, die Rückflüsse nach vollständiger Tilgung des Darlehens einfach mit dem Darlehenszins abzuzinsen. Zur Lösung dieses Problems bietet sich die Integration der Zahlungsreihe des Darlehens in die Zahlungsreihe der Investition an.[25] Als Kalkulationszins ist der KKK-Zins zu wählen, da auch alle Zahlungen des Darlehens über das laufende Konto abgewickelt werden.

Am Geld- und Kapitalmarkt (GKM) können Banken und große Unternehmen Geld anlegen und Kredite aufnehmen. Aufgrund der erstklassigen Bonität und der großen Volumina, die dort gehandelt werden, fallen Anlage- und Kreditzins quasi zusammen. Somit kann der GKM-Satz sowohl für die Fremd- als auch die Eigenfinanzierung und auch für einen Übergang von Fremd- auf Eigenfinanzierung während der Laufzeit einer Investition als Kalkulationszins herangezogen werden. Der GKM unterteilt sich in den Geldmarkt mit Laufzeiten bis zu einem Jahr und in den Kapitalmarkt mit Laufzeiten über einem Jahr bis zu 10 Jahren. In der Zinsstrukturkurve werden die GKM-Sätze – auch als risikolose Zinssätze bezeichnet – in Abhängigkeit von der Laufzeit dargestellt. In der Regel steigen die GKM-Sätze mit zunehmender Laufzeit an. Unternehmen sind eher im Geldmarkt aktiv, da im Kreditfall geringere Zinsen zu zahlen sind und die Rückflüsse auch zeitnah zur Reduzierung des Schuldensaldos eingesetzt werden können und im Anlagefall das Geld aus den Rückflüssen nur kurzfristig geparkt wird. Zweck eines Unternehmens kann es nicht sein, langfristig in risikolose Anlagen zu investieren.

Die Weiterführung des Risikogedankens liefert die Grundlage für die Eigenfinanzierung mit den abstrakten Ansätzen. Eine Geldanlage auf dem GKM ist nicht mit einer Investition in eine Maschine vergleichbar. Letztere birgt Risiken, deren Übernahme durch einen Risikoaufschlag auf den risikolosen Zins belohnt werden soll. Durch den höheren Kalkulationszins wird der Kapitalwert niedriger ausgewiesen. Bei positivem Kapitalwert kann man sagen, dass neben den Zinsen auch eine Risikoprämie verdient und darüber hinaus noch ein Zahlungsüberschuss in Form des Kapitalwertes erzielt wird. Allerdings hat dieser Kapitalwert keine Aussagekraft mehr in Form eines tatsächlichen Überschusses auf einem realen Konto.

Die Höhe des Risikoaufschlages ist schwierig zu bestimmen bzw. wird häufig pauschal mit 5 % festgelegt. Das liegt darin begründet, dass sich in der Vergangenheit risikobehaftete Anlagen in Form von DAX-Aktien mit circa 10 bis 11 % rentiert haben und der risikolose Zins am GKM häufig 4 bis 6 % betrug. Die Differenz wurde als Risikovergütung interpretiert und der Risikoaufschlag mit pauschal 5 % angenommen.

Auch die DAX-Rendite selbst bietet bei der Eigenfinanzierung einen Maßstab für den Kalkulationszins. Im Deutschen Aktienindex (DAX) sind die 30 größten deutschen

---

25 Nähere Ausführungen hierzu findet der Leser in Abschnitt 2.2.4.

Aktien gelistet. Der DAX ist ein Performanceindex, d. h. neben der Kursentwicklung der einzelnen Aktien werden auch die jeweiligen Dividendenausschüttungen mit in die Berechnung einbezogen. Nur so ist ein vollständiger bzw. fairer Vergleich zu verzinslichen Anlagen gegeben. Am 30.12.1987 wurde der DAX auf die Basis 1.000 gesetzt. Angenommen der DAX beträgt 8.000 am 30.12.2008, so lässt sich die DAX-Rendite mit Hilfe der Aufzinsungsformel ermitteln. Die Formel muss dazu nach i aufgelöst werden.

$$C_{21} = C_0 \cdot q^{21}$$

$$8.000 = 1.000 \cdot q^{21}$$

$$q = \sqrt[21]{\frac{8.000}{1.000}}$$

$$q = 1,1041$$

$$i = 0,1041$$

Tabelle 2.4: Branchenindizes[26] und durchschnittliche, jährliche Entwicklung

Branche	Indexwert	Rendite in %
Autos	701	10,1
Banken	469	7,9
Chemie	1.133	12,7
Medien	140	1,7
Grundstoffe	3.061	18,4
Nahrung und Genussmittel	302	5,6
Technologien	210	3,7
Versicherungen	388	6,9
Transport und Logistik	477	8,0
Industrie	3.025	18,3
Bau	587	9,1
Pharma und Gesundheit	1.711	15,1
Einzelhandel	363	6,6
Software	7.885	24,1
Telekom	94	- 0,3
Versorger	1.590	14,6
Finanzdienste	1.048	12,3
Konsum	560	8,9

26 Stand: April 2008. Als Exponent wurde 20,25 verwendet.

Die durchschnittliche, jährliche Rendite der letzten 21 Jahre würde 10,41 % betragen.[27] Da der DAX ausschließlich große Unternehmen listet, ist als Vergleichsmaßstab für mittelständische Unternehmen eher der Smallcap-DAX (SDAX) geeignet. Auch hierfür können analog Renditeberechnungen durchgeführt werden. Für einen SDAX in Höhe von 6.000 am Ende des Jahres 2008 würde sich eine durchschnittliche Rendite von 8,91 % ergeben. Beide Indizes weisen allerdings den Nachteil auf, dass sie eine Vielzahl verschiedener Branchen beinhalten. Die Branchen haben sich in der Vergangenheit aber sehr unterschiedlich entwickelt. Folglich bieten sich Branchenindizes an, die Unternehmen derselben Branche vereinen.

An der Frankfurter Wertpapierbörse werden Branchenindizes berechnet.[28] Tabelle 2.4 enthält neben den Indexwerten auch die mit Hilfe der Aufzinsungsformel ermittelten durchschnittlichen, jährlichen Renditen.

Das Capital Asset Pricing Model (CAPM) ermöglicht die Berechnung eines für eine Aktie individuellen Risikoaufschlages auf den risikolosen Zins. Dazu werden die Schwankungen des Aktienkurses mit den Schwankungen des DAX verglichen. Als Risikomaß dient der sogenannte ß-Faktor.[29] Für den DAX selbst beträgt der ß-Faktor Eins. Aktien, deren Kurse stärker schwanken als der DAX, haben einen ß-Faktor größer Eins und Aktien mit geringeren Schwankungen einen ß-Faktor kleiner Eins. Typische Werte für ß-Faktoren von DAX-Aktien liegen im Intervall von 0,4 bis 1,6. Der Mindestverzinsungsanspruch i einer Aktie ergibt sich aus untenstehender Formel:

$$i = \text{Risikoloser Zins} + ß \cdot (\text{DAX-Rendite} - \text{Risikoloser Zins})$$

Drei Beispiele sollen den Wertebereich des Mindestverzinsungsanspruches andeuten:

ß = 0,4	$i = 0{,}04 + 0{,}4 \cdot (0{,}11 - 0{,}04) = 0{,}068$
ß = 1,0	$i = 0{,}04 + 1{,}0 \cdot (0{,}11 - 0{,}04) = 0{,}110$
ß = 1,6	$i = 0{,}04 + 1{,}6 \cdot (0{,}11 - 0{,}04) = 0{,}152$

Für nicht zur Börse zugelassene Unternehmen bleibt nur die Suche eines börsennotierten Unternehmens, das derselben Branche angehört und ähnliche Strukturen aufweist. Vielleicht ist die Auswahl eines passenden Branchenindizes die einfachere Möglichkeit.

---

27 Durch den Höhenflug des DAX auf 8.100 im März 2000 betrug die Rendite für die 12 Jahre von 1987 bis 1999 sogar über 18 %. Allerdings stürzte der DAX anschließend innerhalb von drei Jahren im März 2003 auf 2.300 ab. Für die 15 Jahre von 1987 bis 2002 rentierte der DAX lediglich mit 6 %.
28 In den Branchenindizes sind nur Aktien aufgenommen, die den Prime Standard erfüllen. Dieser zeichnet sich gegenüber dem General Standard durch höhere Anforderungen bei der Rechnungslegung und der Publizität aus.
29 Mittels linearer Regressionsanalyse werden für die letzten 250 Tage (Börsenjahr) die Tagesveränderungen der Aktienkurse zu den Tagesveränderungen des DAX in Beziehung gesetzt. Die Steigung der Geraden ist der ß-Faktor.

Bei der Mischfinanzierung werden die Zinssätze der verwendeten Finanzierungen mit den anteiligen Kapitalien gewichtet. Solche gewogenen Durchschnittszinssätze finden am ehesten Anwendung, wenn es um Investitionsentscheidungen geht, die das gesamte Unternehmen betreffen, oder wenn das Unternehmen als solches bewertet werden soll.

Die in Tabelle 2.3 angegebenen Prozentsätze stellen nur eine Momentaufnahme im Jahre 2008 dar und müssen laufend aktualisiert werden.

2.2.3 Interpretation des Kapitalwertes

Für die Interpretation des Kapitalwertes wird auf Maschine A mit einem Kalkulationszins von 10 % Bezug genommen und zunächst die Fremdfinanzierung und anschließend die Eigenfinanzierung untersucht.

$$C_0 = -100.000,00 + \frac{40.600,00}{1,1^1} + \frac{39.400,00}{1,1^2} + \frac{18.176,00}{1,1^3}$$

$$+ \frac{36.927,52}{1,1^4} + \frac{45.654,07}{1,1^5}$$

$$C_0 = 36.696,55$$

■ Fremdfinanzierung

Der Kapitalwert ist der Zahlungsüberschuss zum Zeitpunkt Null. Das heißt, die Durchführung der Investition muss gleichwertig sein mit einer Soforteinzahlung in t = 0 in Höhe des Kapitalwertes. Dieses wird nun in Tabelle 2.5 geprüft. Vor der Investition sollen die Schulden auf dem Kontokorrentkonto Euro 80.000,00 betragen. Für die Anschaffungsauszahlung der Investition ist das Anfangskapital der ersten Periode um Euro 100.000,00 erhöht. Durch die Rückflüsse der Investition mindern sich die Schulden auf Euro 69.740,64.

Tabelle 2.5: Schuldenabbau durch die Investition

Periode	Anfangskapital	Zinsen	Tilgung	Rückflüsse	Endkapital
1	180.000,00	18.000,00	22.600,00	40.600,00	157.400,00
2	157.400,00	15.740,00	23.660,00	39.400,00	133.740,00
3	133.740,00	13.374,00	4.802,00	18.176,00	128.938,00
4	128.938,00	12.893,80	24.033,72	36.927,52	104.904,28
5	104.904,28	10.490,43	35.163,64	45.654,07	69.740,64

Dynamische Investitionsrechnung

Für die Probe in Tabelle 2.6 wird das Anfangskapital in Höhe von Euro 80.000,00 durch eine fiktive Soforteinzahlung in Höhe des Kapitalwertes um Euro 36.696,55 auf Euro 43.303,45 gekürzt. Durch die Zinsen und Zinseszinsen mehrt sich das Kapital auf Euro 69.740,64.

Tabelle 2.6: Schuldenabbau durch die Soforteinzahlung des Kapitalwertes

Periode	Anfangskapital	Zinsen	Tilgung	Rückflüsse	Endkapital
1	43.303,45	4.330,35	0,00	0,00	47.633,80
2	47.633,80	4.763,38	0,00	0,00	52.397,18
3	52.397,18	5.239,72	0,00	0,00	57.636,90
4	57.636,90	5.763,69	0,00	0,00	63.400,59
5	63.400,59	6.340,06	0,00	0,00	69.740,65

Folgende Interpretation des Kapitalwertes wird festgehalten:

Bei der Fremdfinanzierung ist die Durchführung einer Investition gleichwertig mit einer Soforteinzahlung in Höhe des Kapitalwertes.

Das Ergebnis aus der Tabelle könnte man alternativ auch mit der Aufzinsungsformel ermitteln:

$$43.303,45 \cdot 1,1^5 = 69.740,64$$

An dieser Stelle stellt sich die Frage, warum sich der Kapitalwert als Entscheidungskriterium durchgesetzt hat und nicht der sogenannte Endwert als Zahlungsüberschuss am Ende der Laufzeit. Im Sprachgebrauch fragt man schließlich auch: „Was habe ich am Ende übrig und nicht am Anfang?" Zur Berechnung müsste man die Zahlungen auf den Zeitpunkt T = 5 aufzinsen.

$$C_5 = -100.000,00 \cdot 1,1^5 + 40.600,00 \cdot 1,1^4 + 39.400,00 \cdot 1,1^3$$
$$+ 18.176,00 \cdot 1,1^2 + 36.927,52 \cdot 1,1^1 + 45.654,07$$
$$C_5 = 59.100,16$$

Zinst man für obiges Beispiel die Schulden in Höhe von Euro 80.000,00 separat auf und zieht davon den Endwert ab, resultieren daraus auch wieder Euro 69.740,64.

$$80.000,00 \cdot 1,1^5 = 128.840,80$$
$$128.840,80 - 59.100,16 = 69.740,64$$

Kapitalwert und Endwert sind äquivalente Größen. Der Kapitalwert lässt sich durch Aufzinsung in den Endwert überführen und umgekehrt:

$$36.696,55 \cdot 1,1^5 = 59.100,16$$

Kapitalwertmethode ohne Berücksichtigung von Steuern

Als Argument für den Kapitalwert kann angeführt werden, dass ein Zahlungsüberschuss in t = 0 besser vorstellbar ist als ein Zahlungsüberschuss in t = 5.

Eine weitere und auch letzte Interpretationsmöglichkeit des Kapitalwertes bei Fremdfinanzierung sieht den Kapitalwert als Barauszahlung in t = 0. Angenommen ein Kontokorrentkonto mit einem Kreditzins von 10 % hat vor der Investition einen Saldo von Euro 0,00. Ein Kapitalwert von Euro 36.696,55 für Maschine A bedeutet, dass durch die Rückflüsse die Anschaffungsauszahlung samt Zinsen zurückgezahlt und darüber hinaus eine Barauszahlung in Höhe des Kapitalwertes zum Zeitpunkt t = 0 ermöglicht wird. Nimmt man einen Kontokorrentkredit in Höhe von Euro 136.696,55 in Anspruch, werden Euro 100.000,00 für die Anschaffungsauszahlung und Euro 36.696,55 für die Barauszahlung verwendet. In der Tabelle 2.7 wird der gesamte Kredit durch die Rückflüsse der Investition wieder auf Null zurückgeführt.

Tabelle 2.7:   Kapitalwert als Barauszahlung

Periode	Anfangskapital	Zinsen	Tilgung	Rückflüsse	Endkapital
1	136.696,55	13.669,66	26.930,35	40.600,00	109.766,21
2	109.766,21	10.976,62	28.423,38	39.400,00	81.342,83
3	81.342,83	8.134,28	10.041,72	18.176,00	71.301,11
4	71.301,11	7.130,11	29.797,41	36.927,52	41.503,70
5	41.503,70	4.150,37	41.503,70	45.654,07	0,00

Als zweite Interpretation für den Kapitalwert soll gelten:

Bei der Fremdfinanzierung ermöglicht die Durchführung einer Investition eine Barauszahlung in Höhe des Kapitalwertes zu Beginn der Laufzeit.

Eigenfinanzierung

Bei der Eigenfinanzierung wird kein Kredit aufgenommen und somit hat man kein bestimmtes Konto, auf das die Rückflüsse verbucht werden. Vielmehr werden die Rückflüsse kurzfristig am Geldmarkt geparkt, ehe sie für andere Investitionen Verwendung finden. Folglich ergibt sich bei der kontobezogenen Suche nach einer Interpretationsmöglichkeit des Kapitalwertes ein diffuses Bild. Bei der Wahl des Kalkulationszinses behilft man sich mit dem Opportunitätskostenansatz und wählt einen Mindestverzinsungsanspruch. Ähnlich kann man auch hier vorgehen. Wenn die Summe der Rückflüsse die Anschaffungsauszahlung übertrifft, hat die Investition eine positive Verzinsung, den sogenannten internen Zins.[30] Somit kann der Kapitalwert wie folgt interpretiert werden:

---

30   Die interne Zinsfußmethode wird in Abschnitt 2.3.4 vorgestellt.

Ein positiver Kapitalwert bedeutet, dass die der Investition innewohnende Verzinsung größer als der Mindestverzinsungsanspruch ist.

2.2.4 Kapitalwertberechnung mit Darlehensfinanzierung

Im Rahmen der Diskussion um die Wahl des Kalkulationszinses in Abschnitt 2.2.2 wurde bei der Fremdfinanzierung durch ein Darlehen mit fester Tilgung von der Integration der Zahlungsreihe des Darlehens in die Zahlungsreihe der Investition gesprochen.

Auf den ersten Blick macht die Aufnahme eines Darlehens nur dann Sinn, wenn dadurch die Kontokorrentkreditlinie geschont wird und der Darlehenszins niedriger als der KKK-Zins ist. Allerdings kann auch eine Darlehensfinanzierung bei genügend vorhandenen Mitteln sinnvoll sein. Hierzu müssten die Mittel einer Anlageform zugeführt sein, die eine höhere Verzinsung als das Darlehen hat. Wenn man sein Geld für 10 % angelegt hat und das Geld nun für eine Investition benötigt, ist bei einem Darlehenszins von 6 % die Aufnahme des Kredites und nicht die Auflösung der Anlage ratsam.

Somit ergeben sich im Folgenden zwei Fälle: Abhängig von der Finanzierung ist zunächst ein Kalkulationszins i zu wählen. Anschließend ist ein eventuelles Darlehen mit fester Tilgung zu integrieren. Es gilt:

Bei der Kapitalwertberechnung gibt es einen Fall mit und ohne Berücksichtigung eines Darlehens.

Die Vorgehensweise der Integration eines Darlehens wird in diesem Abschnitt erläutert. Bei dem Darlehen handelt es sich mit Bezug auf Maschine A um ein Annuitätendarlehen in Höhe von Euro 100.000,00, mit einer Laufzeit von fünf Jahren und einem Zins von 6 %. Folgende Symbole werden eingeführt:

- i_D = Darlehenszins
- Darl = Darlehen[31]
- Rate = jährliche Darlehensrate

---

[31] Vereinfachend wird angenommen, dass sich der Darlehensbetrag und die Darlehensauszahlung entsprechen bzw. der Kredit zu 100 % ohne Disagio ausgezahlt wird. Ansonsten wäre der Darlehensbetrag für die Ermittlung der Darlehensrate und die Darlehensauszahlung für die Kapitalwertberechnung maßgeblich.

Kapitalwertmethode ohne Berücksichtigung von Steuern 2.2

Die Darlehensrate bzw. Annuität berechnet sich mit Hilfe der Verrentungsformel für die nachschüssige, konstante Rente wie folgt:

Rate = Darlehen · KWF (i_D; T)

Rate = 100.000 · KWF (0,06; 5)

Rate = 23.739,64

Die Zahlungsreihe des Darlehens wird in Tabelle 2.8 dargestellt und mit der Zahlungsreihe der Investition zusammengefasst.

Tabelle 2.8: Zusammengefasste Zahlungsreihe der Investition und des Darlehens

Zeitpunkte	t = 0	t = 1	t = 2	t = 3	t = 4	t = 5
Investition	- 100.000,00	40.600,00	39.400,00	18.176,00	36.927,52	45.654,07
Darlehen	100.000,00	- 23.739,64	- 23.739,64	- 23.739,64	- 23.739,64	- 23.739,64
Zusammenfassung	0,00	16.860,36	15.660,36	- 5.563,64	13.187,88	21.914,43

Angenommen das Kontokorrentkonto befindet sich im Soll, der KKK-Zins beträgt 10 % und die Kreditlinie soll durch die Aufnahme des Darlehens geschont werden. Da alle Zahlungen über das Kontokorrentkonto abgewickelt werden, ist der KKK-Zins als Kalkulationszins zu wählen. Der Kapitalwert für Maschine A kann durch Abzinsung[32] der in Tabelle 2.8 dargestellten zusammengefassten Zahlungsreihe oder durch eine um die Berücksichtigung des Darlehens erweiterte Kapitalwertformel erfolgen. Zunächst wird die Zahlungsreihe abgezinst.

$$C_0 = 0{,}00 + \frac{16.860{,}36}{1{,}1^1} + \frac{15.660{,}36}{1{,}1^2} - \frac{5.563{,}64}{1{,}1^3} + \frac{13.187{,}88}{1{,}1^4} + \frac{21.914{,}43}{1{,}1^5}$$

C_0 = 46.704,64

Gegenüber der Finanzierung ohne Darlehen in Abschnitt 2.2.1 mit einem Kapitalwert in Höhe von Euro 36.696,55 ist der Kapitalwert hier um Euro 10.008,09 höher. Diese Differenz stellt den Finanzierungseffekt durch das Darlehen dar, der in untenstehender Formel durch die letzten beiden Terme dargestellt wird.

---

32 In der Investitionsrechnung wird auf Jahresebene abgezinst, obwohl das Kontokorrentkonto monatlich abgerechnet wird. Die jährliche Betrachtung ist einfacher und reicht aus.

Die erweiterte Kapitalwertformel lautet:

$$C_0 = -\ AK + \frac{db}{KWF} \cdot x - \frac{\text{Konstante/ Veränderliche Annuität}}{KWF/ KWFP}$$

$$-\ \frac{\text{Unregelmäßige Zahlung}}{q^t} + \frac{VK}{q^T}$$

$$+\ Darl - \frac{Rate}{KWF} \quad \textbf{Kapitalwertformel mit Darlehen}$$

$$C_0 = 36.696{,}55 + 100.000{,}00 - \frac{23.739{,}64}{KWF\,(0{,}1;\,5)}$$

$$C_0 = 36.696{,}55 + 10.008{,}09$$

$$C_0 = 46.704{,}64$$

Mit den letzten beiden Termen kann die Finanzierungsentscheidung auch losgelöst vom Investitionsproblem getroffen werden. Hingegen sind für die Investitionsentscheidung – nach getroffener Finanzierungswahl – die letzten beiden Terme als Konstante bei der Kapitalwertbetrachtung zu berücksichtigen, da diese erheblichen Einfluss haben.

2.2.5 Vorteilhaftigkeit mit Break-even-Menge

Um die Vorteilhaftigkeit einer Investition zu prüfen, muss der Kapitalwert mit Hilfe der Kapitalwertformel ermittelt werden. Dazu wird ein Kalkulationszins benötigt, der in Abhängigkeit von der Finanzierung gemäß Tabelle 2.3 zu bestimmen ist. Ein eventuelles Darlehen mit fester Tilgung muss in die Kapitalwertformel integriert werden. Als Regel für die Vorteilhaftigkeit gilt:

Eine Investition ist vorteilhaft, wenn ihr Kapitalwert positiv ist.

Die Vorteilhaftigkeit hängt ganz wesentlich von der Menge x ab. Daher wird im Zuge der Kapitalwertberechnung zumeist gleich eine Break-even-Menge als Vorgriff auf die Risikobetrachtungen in Abschnitt 2.4 bestimmt.

Unter Break-even-Menge versteht man diejenige Menge, die gerade noch einen positiven Kapitalwert gewährleistet.

Zur Berechnung wird die Kapitalwertformel in Abhängigkeit von x ausgedrückt:

$$C_0(x) = -\ \text{Konstante} + \frac{db}{KWF} \cdot x \quad \textbf{Kapitalwertfunktion in Abhängigkeit von der Menge x}$$

2.2 Kapitalwertmethode ohne Berücksichtigung von Steuern

mit

$$\text{Konstante} = -\text{AK} - \frac{\text{Konstante/ Veränderliche Annuität}}{\text{KWF/ KWFP}}$$

$$-\frac{\text{Unregelmäßige Zahlung}}{q^t} + \frac{\text{VK}}{q^T} + \left(\text{Darl} - \frac{\text{Rate}}{\text{KWF}}\right)$$

Die Kapitalwertfunktion in Abhängigkeit von x ist eine lineare Funktion mit einer Steigung von db/ KWF und einem Achsenabschnitt in Höhe der Konstanten.[33] In der Konstanten sind alle Terme zusammengefasst, die nicht von der Menge x abhängen. Die mögliche Abhängigkeit der Personal- und Instandhaltungsaufwendungen von der Beschäftigung wird hier vernachlässigt.[34] Unter der Annahme, dass bei der Planmenge der Kapitalwert positiv ist, liegt die Break-even-Menge unter der geplanten Menge. Durch die konstanten Personal- und Instandhaltungsaufwendungen wird nun zu viel Aufwand abgezogen und die Break-even-Menge zu hoch festgesetzt. Durch diese Ungenauigkeit hat man ein kleines Sicherheitspolster eingebaut. Die Terme für ein Darlehen sind in Klammern gesetzt, da sie nur bei einer Darlehensfinanzierung gebraucht werden. Für die Berechnung der Break-even-Menge gilt:

Die Break-even-Menge erhält man durch Nullsetzen der Kapitalwertfunktion in Abhängigkeit von der Menge und Auflösen nach x.

Für Maschine A ohne Darlehensfinanzierung ergibt sich:

$$C_0(x) = -363.610{,}54 + \frac{48{,}00}{\text{KWF}(0{,}1;\ 5)} \cdot x$$

mit

$$\text{Konstante} = -100.000{,}00 - \frac{60.000{,}00}{\text{KWFP}(0{,}1;\ 5;\ 1{,}02)} - \frac{5.000{,}00}{\text{KWF}(0{,}1;\ 5)}$$

$$-\frac{20.000{,}00}{1{,}1^3} + \frac{10.000{,}00}{1{,}1^5} + \left(0{,}00 - \frac{0{,}00}{\text{KWF}(0{,}1;\ 5)}\right)$$

$$\text{Konstante} = -363.610{,}54$$

$$C_0(x) = 0 = -363.610{,}54 + \frac{48{,}00}{\text{KWF}(0{,}1;\ 5)} \cdot x$$

$$x = \frac{363.610{,}54 \cdot \text{KWF}(0{,}1;\ 5)}{48{,}00}$$

$$x = 1.998{,}32$$

---

[33] Die Konstante hat einen negativen Wert, was durch das Minuszeichen ausgedrückt werden soll.
[34] Damit sind nicht zur Menge proportionale Aufwendungen gemeint, denn die könnte man ja im Deckungsbeitrag berücksichtigen.

Abbildung 2.2: *Kapitalwertfunktion in Abhängigkeit von der Menge (Vorteilhaftigkeit)*

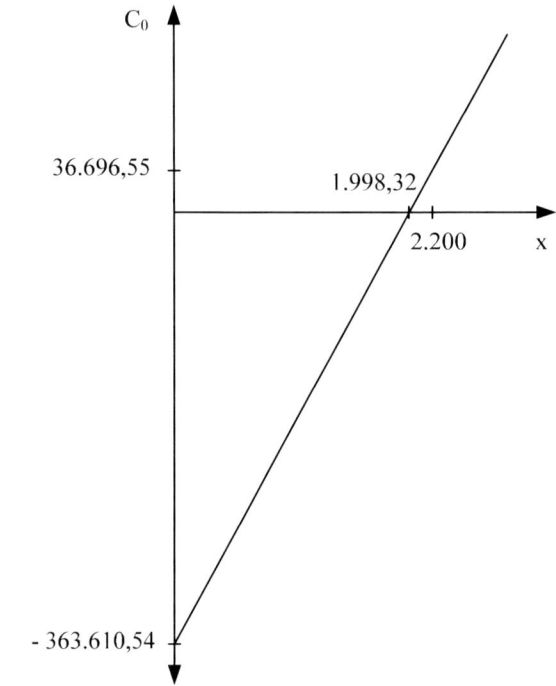

Die Menge pro Jahr muss mindestens 1.998,32[35] betragen, damit der Kapitalwert positiv ist. In Abbildung 2.2 wird die Kapitalwertfunktion mit der Konstanten als Schnittpunkt mit der y-Achse und der Break-even-Menge als Schnittpunkt mit der x-Achse dargestellt.

Wird für Maschine A ein Darlehen mit 6 % aufgenommen, fällt die Break-even-Menge aufgrund des positiven Finanzierungseffektes niedriger aus.

---

35 Streng genommen müsste auf ganze Stück oder auf ein Vielfaches einer Mindestlosgröße aufgerundet werden.

$$C_0(x) = -353.602{,}45 + \frac{48{,}00}{KWF(0{,}1;\,5)} \cdot x$$

mit

$$\text{Konstante} = -363.610{,}54 + \left(100.000{,}00 - \frac{23.739{,}64}{KWF(0{,}1;\,5)}\right)$$

$$\text{Konstante} = -363.610{,}54 + 10.008{,}09$$

$$\text{Konstante} = -353.602{,}45$$

$$C_0(x) = 0 = -353.602{,}45 + \frac{48{,}00}{KWF(0{,}1;\,5)} \cdot x$$

$$x = \frac{353.602{,}45 \cdot KWF(0{,}1;\,5)}{48{,}00}$$

$$x = 1.943{,}32$$

2.2.6 Auswahlproblem mit Indifferenzmenge

Beim Auswahlproblem muss zwischen zwei Maschinen entschieden werden. Da die Anschaffungsauszahlungen in der Regel differieren, ist zunächst die Vergleichbarkeit zu diskutieren. Im Fall der Fremdfinanzierung wird ein Kredit in Höhe der jeweiligen Anschaffungsauszahlung aufgenommen, der durch die Rückflüsse samt Zinsen zu tilgen ist. Die Überschüsse in Form der Kapitalwerte lassen sich miteinander vergleichen. Anders ist es bei der Eigenfinanzierung. Wenn genug Geld für die Anschaffung der teureren Maschine bereit steht, muss beim Kauf der billigeren Maschine geklärt werden, was mit dem Differenzbetrag passiert. Hierfür wird folgende Annahme getroffen:

Bei Eigenfinanzierung wird der Differenzbetrag zweier unterschiedlich teuren Maschinen zum Kalkulationszins angelegt.

Angenommen es werden Euro 100,00 für drei Jahre zum Kalkulationszins von 10 % bei jährlicher Zinszahlung und einer endfälligen Rückzahlung angelegt. Der Kapitalwert einer solchen Investition ist Null und kann daher vernachlässigt werden.

$$-100{,}00 + \frac{10{,}00}{1{,}1^1} + \frac{10{,}00}{1{,}1^2} + \frac{110{,}00}{1{,}1^3}$$

$$= 0{,}00$$

Das heißt, mit obiger Annahme braucht man die Differenz der Anschaffungsauszahlungen nicht zu beachten und kann einfach die Kapitalwerte der beiden Maschinen für einen Vergleich heranziehen.

2 Dynamische Investitionsrechnung

Es gibt **vier** Fälle, die sich in Bezug auf die **Laufzeit** und die **Anzahl der Durchführungen** unterscheiden. Für die ersten drei Fälle wird die Kapitalwertmethode angewendet, während der vierte Fall mit der Annuitätenmethode zu lösen ist. Die Annuitätenmethode wird in Abschnitt 2.3.2 vorgestellt.

	Durchführung	Laufzeit	Methode
Fall 1	einmalig	gleich	Kapitalwertmethode
Fall 2	einmalig	verschieden	Kapitalwertmethode
Fall 3	wiederholend	gleich	Kapitalwertmethode
Fall 4	wiederholend	verschieden	Annuitätenmethode

Die Fälle werden nacheinander abgearbeitet. Zusammenfassend gilt für die ersten drei Fälle folgende Entscheidungsregel:

Die Investition mit dem höheren Kapitalwert ist auszuwählen.

Die Indifferenzmenge ist wie folgt definiert:

Die Indifferenzmenge ist diejenige Menge, bei der der Entscheider unentschieden ist bzw. bei der die Entscheidung kippt.

Während die in der Anschaffung günstigen Maschinen häufig hohe laufende Auszahlungen haben, zeichnen sich teure, hochwertige Maschinen durch niedrige laufende Auszahlungen aus. Das liegt an einem höheren Automatisierungsgrad verbunden mit niedrigeren Personalaufwendungen, weniger Instandhaltungsaufwendungen und kleineren Ausschussquoten. Allerdings lohnen sich die teuren Maschinen erst ab einer gewissen Menge, der Indifferenzmenge.

Die Indifferenzmenge berechnet sich durch Gleichsetzen der Kapitalwertfunktionen in Abhängigkeit von der Menge und Auflösen nach x.

Aufgrund der Linearität der Kapitalwertfunktionen gibt es nur dann einen Schnittpunkt und somit eine Indifferenzmenge, wenn die Funktionen eine unterschiedliche Steigung haben. Letztere wird bei gleicher Laufzeit der Investitionen durch den Deckungsbeitrag je Stück determiniert.

2.2 Kapitalwertmethode ohne Berücksichtigung von Steuern

Für Fall 1 dient der Vergleich zwischen der Maschine B und C.[36] Die Daten sind untenstehend gegeben. Zunächst werden die dazugehörigen Kapitalwertfunktionen aufgestellt und die Break-even-Mengen ermittelt.

Maschine B und C

- i = 0,08
- T = 10
- x = 5.000 ME pro Jahr

	Maschine B	Maschine C
- db je ME	Euro 60,00	Euro 70,00
- AK Beginn 1. Jahr	Euro 800.000,00	Euro 1.500.000,00
- VK Ende 10. Jahr	Euro 50.000,00	Euro 80.000,00
- Perso pro Jahr nachschüssig mit 2 % Steigerung	Euro 60.000,00	Euro 40.000,00
- Inst pro Jahr nachschüssig	Euro 20.000,00	Euro 12.000,00
- Gen Ende 5. Jahr	Euro 140.000,00	Euro 90.000,00

Maschine B

Kapitalwertfunktion

$$C_0(x) = -800.000{,}00 + \frac{60{,}00}{\text{KWF}(0{,}08;\,10)} \cdot x - \frac{60.000{,}00}{\text{KWFP}(0{,}08;\,10;\,1{,}02)}$$

$$-\frac{20.000{,}00}{\text{KWF}(0{,}08;\,10)} - \frac{140.000{,}00}{1{,}08^5} + \frac{50.000{,}00}{1{,}08^{10}} + (0{,}00 - 0{,}00)$$

$$C_0(x) = -1.441.693{,}30 + \frac{60{,}00}{\text{KWF}(0{,}08;\,10)} \cdot x$$

Kapitalwert für Planmenge

$$C_0(5.000) = 571.331{,}10$$

Break-even-Menge

$$C_0(x) = 0 = -1.441.693{,}30 + \frac{60{,}00}{\text{KWF}(0{,}08;\,10)} \cdot x$$

$$x = 3.580{,}91$$

---

36 Die Daten der Maschinen B und C sind in Anhang 7 wiederholend aufgeführt.

Maschine C

Kapitalwertfunktion

$$C_0(x) = -1.500.000{,}00 + \frac{70{,}00}{\text{KWF}(0{,}08;\ 10)} \cdot x - \frac{40.000{,}00}{\text{KWFP}(0{,}08;\ 10;\ 1{,}02)}$$

$$- \frac{12.000{,}00}{\text{KWF}(0{,}08;\ 10)} - \frac{90.000{,}00}{1{,}08^5} + \frac{80.000{,}00}{1{,}08^{10}} + (0{,}00 - 0{,}00)$$

$$C_0(x) = -1.894.964{,}50 + \frac{70{,}00}{\text{KWF}(0{,}08;\ 10)} \cdot x$$

Kapitalwert für Planmenge

$$C_0(5.000) = 453.564{,}03$$

Break-even-Menge

$$C_0(x) = 0 = -1.894.964{,}50 + \frac{70{,}00}{\text{KWF}(0{,}08;\ 10)} \cdot x$$

$$x = 4.034{,}37$$

Die Maschine B ist der Maschine C vorzuziehen, da sie für die Planmenge einen höheren Kapitalwert aufweist. Auch die geringere Break-even-Menge spricht für B. Zur Ermittlung der **Indifferenzmenge** werden die Kapitalwertfunktionen gleichgesetzt.

Indifferenzmenge

$$C_0(x)\ \text{für B} = C_0(x)\ \text{für C}$$

$$-1.441.693{,}30 + \frac{60{,}00}{\text{KWF}(0{,}08;10)} \cdot x = -1.894.964{,}50 + \frac{70{,}00}{\text{KWF}(0{,}08;10)} \cdot x$$

$$453.271{,}20 = \frac{10{,}00}{\text{KWF}(0{,}08;10)} \cdot x$$

$$x = 6.755{,}08$$

Erst ab einer Menge von 6.755,08 lohnt sich die teure Maschine C. Je weiter Indifferenzmenge und Planmenge voneinander entfernt liegen, desto sicherer die Entscheidung. Die Ergebnisse des Auswahlproblems werden in Abbildung 2.3 zusammengefasst.

Abbildung 2.3: Kapitalwertfunktionen in Abhängigkeit von der Menge (Auswahlproblem)

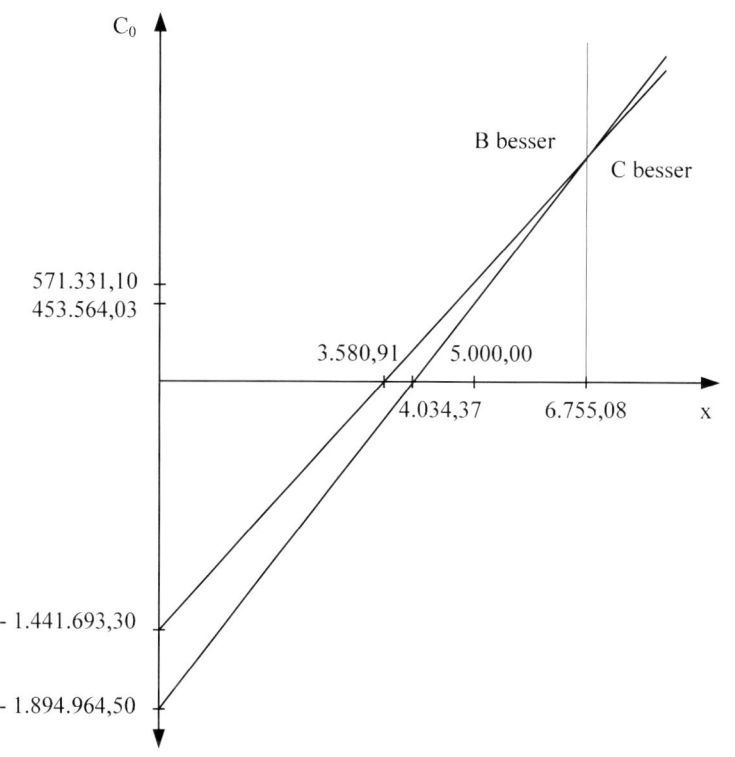

Wird die Annahme getroffen, dass die Maschinen B und C jeweils durch ein Darlehen mit 5 % finanziert werden, verändern sich die Daten durch den jeweiligen Finanzierungseffekt wie folgt:

Maschine B

Darlehensrate

$$\text{Rate} = 800.000{,}00 \cdot \text{KWF}(0{,}05;\,10) = 103.603{,}66$$

Konstante

$$= -1.441.693{,}30 + \left(800.000{,}00 - \frac{103.603{,}66}{\text{KWF}(0{,}08;\,10)}\right)$$

$$= -1.441.693{,}30 + 104.811{,}01$$

$$= -1.336.882{,}30$$

Dynamische Investitionsrechnung

Kapitalwertfunktion

$$C_0(x) = -1.336.882,30 + \frac{60,00}{KWF\,(0,08;\,10)} \cdot x$$

Kapitalwert für Planmenge

$$C_0\,(5.000) = 676.142,12$$

Break-even-Menge

$$C_0(x) = 0 = -1.336.882,30 + \frac{60,00}{KWF\,(0,08;\,10)} \cdot x$$

$$x = 3.320,58$$

Maschine C

Darlehensrate

$$\text{Rate} = 1.500.000,00 \cdot KWF\,(0,05;\,10) = 194.256,87$$

Konstante

$$= -1.894.964,50 + \left(1.500.000,00 - \frac{194.256,87}{KWF\,(0,08;\,10)}\right)$$

$$= -1.894.964,50 + 196.520,59$$

$$= -1.698.443,90$$

Kapitalwertfunktion

$$C_0(x) = -1.698.443,90 + \frac{70,00}{KWF\,(0,08;\,10)} \cdot x$$

Kapitalwert für Planmenge

$$C_0\,(5.000) = 650.084,59$$

Break-even-Menge

$$C_0(x) = 0 = -1.698.443,90 + \frac{70,00}{KWF\,(0,08;\,10)} \cdot x$$

$$x = 3.615,97$$

Durch den positiven Finanzierungseffekt haben sich beide Kapitalwerte verbessert und die Break-even-Mengen sind gesunken. Auffällig ist, dass die Kapitalwerte näher zusammenrutschen, da der Finanzierungseffekt bei Maschine C mit Euro 196.520,59 viel größer als bei Maschine B mit Euro 104.811,01 ist. Folglich müssten auch Plan- und Indifferenzmenge näher zusammenrücken.

Indifferenzmenge

$$C_0(x) \text{ für B} = C_0(x) \text{ für C}$$

$$-1.336.882,30 + \frac{60,00}{\text{KWF}(0,08;10)} \cdot x = -1.698.443,90 + \frac{70,00}{\text{KWF}(0,08;10)} \cdot x$$

$$361.561,60 = \frac{10,00}{\text{KWF}(0,08;10)} \cdot x$$

$$x = 5.388,33$$

Die Indifferenzmenge ist kleiner geworden, sodass sie näher an die Planmenge herankommt und die Entscheidung knapper ausfällt.

Insgesamt betrachtet ist die Berechnung einer Indifferenzmenge nicht unproblematisch. Wie zuvor erwähnt, können Personal- und Instandhaltungsaufwendungen beschäftigungsabhängig sein. Wenn beim Auswahlproblem Maschinen mit hohem und niedrigem Automatisierungsgrad bzw. niedrigem und hohem Personalaufwand verglichen werden, kann sich eine verzerrte Indifferenzmenge ergeben.

In Fall 2 werden Maschinen mit unterschiedlichen Laufzeiten und einmaliger Durchführung verglichen. Um einen Vergleich mit der Kapitalwertmethode zu ermöglichen, wird ähnlich wie beim Vergleich zweier unterschiedlich teurer Maschinen folgende Annahme getroffen:

Am Laufzeitende der Maschine mit der kürzeren Laufzeit wird das Geld für die Differenzzeit zum Kalkulationszins verwendet bzw. angelegt.

Diese Annahme ist akzeptabel, da bei einer Fremdfinanzierung die Zinsen für einen Kontokorrentkredit weiterlaufen und bei einer Eigenfinanzierung die Rückflüsse auch weiterhin den Mindestverzinsungsanspruch erfüllen müssen. Angenommen am Laufzeitende der Maschine mit der kürzeren Laufzeit werden Euro 100,00 für drei Jahre zum Kalkulationszins von 10 % bei jährlicher Zinszahlung und einer endfälligen Rückzahlung angelegt. Der Kapitalwert einer solchen Investition ist wieder Null und kann daher vernachlässigt werden. Das heißt, mit obiger Annahme braucht man die Differenz der Laufzeiten nicht zu beachten und kann einfach die Kapitalwerte der beiden Maschinen für einen Vergleich heranziehen.

In Fall 3 vergleicht man sich identisch wiederholende Investitionen mit gleicher Laufzeit. Unter der Annahme der Unternehmensfortführung ist es eine plausible Annahme, dass eine Maschine am Laufzeitende durch eine Maschine des gleichen Typs ersetzt wird. Da die Kapitalwerte der zu vergleichenden Investitionsketten jeweils zur selben Zeit anfallen, ist auch hier der Kapitalwert für die Entscheidung maßgeblich.

2 Dynamische Investitionsrechnung

In Fall 4 für sich wiederholende Investitionen mit unterschiedlicher Laufzeit ist dies anders, die Kapitalwerte fallen zu unterschiedlichen Zeiten an und wären als Entscheidungskriterium unzulässig.

Die Investition mit der höheren Annuität ist auszuwählen.[37]

Die Begründung für das unterschiedliche Entscheidungskriterium soll mit Hilfe der Abbildung 2.4 erläutert werden. Eine Investition erbringt bei vierjähriger Nutzungsdauer einen Kapitalwert in Höhe von Euro 100,00 und bei einer fünfjährigen Nutzungsdauer von Euro 102,00. Wird die Investition einmalig durchgeführt, ist aufgrund des höheren Kapitalwertes eine fünfjährige Nutzungsdauer optimal. Bei einer sich wiederholenden Investition entscheidet man sich für die vierjährige Nutzungsdauer, da Euro 100,00 in vier Jahren besser als Euro 102,00 in fünf Jahren ist. Für einen trivialen Kalkulationszins von Null beträgt die Annuität im ersten Fall Euro 100,00/ 4 = Euro 25,00 und im zweiten Fall Euro 102,00/ 5 = 20,40. Für sich wiederholende Investitionen ist die Annuität das Entscheidungskriterium.

Abbildung 2.4: *Auswahlproblem für sich wiederholende Investitionen mit unterschiedlicher Laufzeit*

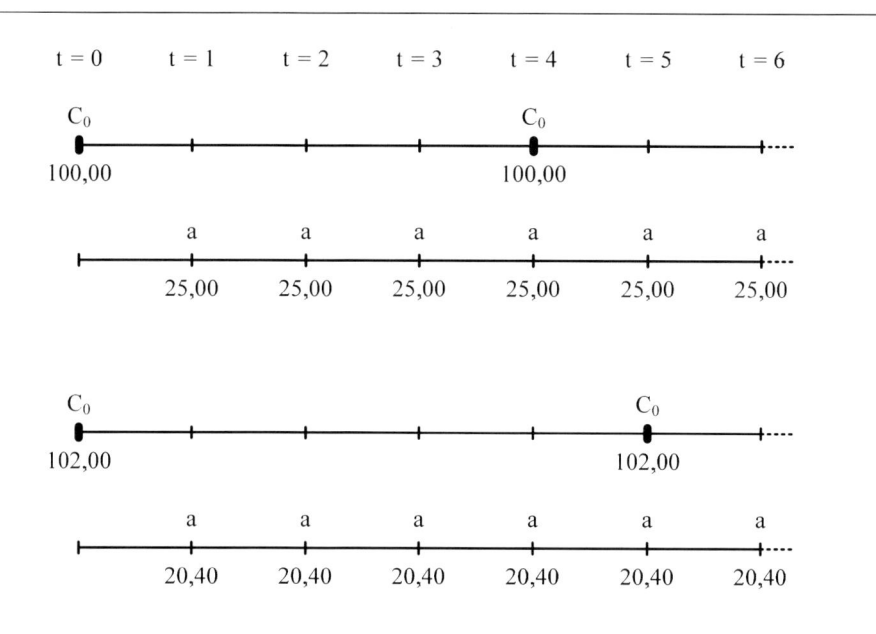

---

37 Genau genommen werden hier sich unendlich wiederholende Investitionen betrachtet. Bei sich endlich wiederholenden Investitionen müssten statt der Annuität die Kapitalwerte von Investitionsketten betrachtet werden.

2.2.7 Optimale Laufzeit

Neben der technischen Nutzungsdauer einer Maschine gibt es eine wirtschaftliche Nutzungsdauer. Reparaturen werden im Laufe eines Maschinenlebens immer teurer oder es steht eine Generalüberholung an. Mit der optimalen Laufzeit wird der beste Zeitpunkt bestimmt, sich von einer Maschine zu trennen. Auch hier unterscheidet man zwischen einmaligen und sich wiederholenden Investitionen. Bei der einmaligen Durchführung einer Investition dürfen die unterschiedlichen Laufzeiten miteinander verglichen werden, da man wieder die Annahme trifft, dass für die Differenzzeiten die Gelder zum Kalkulationszins angelegt werden und somit keinen Einfluss auf den Kapitalwert haben. Bei sich wiederholenden Investitionen sind die Laufzeiten mit Hilfe der Annuitätenmethode zu beurteilen. Der Grund für die Ermittlung der Annuität als Entscheidungskriterium und nicht des Kapitalwertes ist aus dem vierten Fall beim Auswahlproblem analog übertragbar. Für Unternehmen spielen sich wiederholende Investitionen die größere Rolle, da unter der Annahme der Unternehmensfortführung eine ausscheidende durch eine neue Maschine ersetzt wird. Es gelten folgende Entscheidungsregeln:

- **Bei einer einmaligen Investition ist die Laufzeit mit dem höchsten Kapitalwert optimal.**

- **Bei einer sich wiederholenden Investition[38] ist die Laufzeit mit der höchsten Annuität optimal.**

Für Maschine D wird untenstehend für beide Fälle die optimale Laufzeit bestimmt.[39] Dazu werden folgende Symbole eingeführt:

- z_t^{oVK} = Zahlung zum Zeitpunkt t ohne Verkaufserlös
- VK_t = Verkaufserlös zum Zeitpunkt t
- $C_{0\ t}^{oVK}$ = Kapitalwert für eine Laufzeit von T = t ohne Verkaufserlös
- $C_{0\ t}^{mVK}$ = Kapitalwert für eine Laufzeit von T = t mit Verkaufserlös
- $a_{0\ t}^{mVK}$ = Annuität für eine Laufzeit von T = t mit Verkaufserlös

Der jeweilige Verkaufserlös nimmt im Zeitablauf ab. Nur vom fünften auf das sechste Jahr nimmt er zu, da die Generalüberholung wertsteigernden Charakter hat. Die Verkaufserlöse der verschiedenen Jahre sind schwierig zu schätzen. Anhaltspunkte können Internetmärkte oder die Schwackelisten vom Finanzamt liefern. Die Personalaufwendungen werden als konstant angenommen, d. h. Tariferhöhungen werden durch

---

[38] Auch hier handelt es sich genau genommen um sich unendlich wiederholende Investitionen.
[39] Die Daten für Maschine D finden sich im Anhang 8 ein zweites Mal, da sie in Abschnitt 2.5 nochmals benötigt werden.

Produktivitätssteigerungen und Personalfreisetzungen ausgeglichen. Die Instandhaltungsaufwendungen steigen jährlich um Euro 2.000,00. Ihr Startwert in t = 1 liegt ebenfalls bei Euro 2.000,00. In Tabelle 2.9 werden die optimalen Laufzeiten errechnet. Die Werte sind in TEuro angegeben. Die Zahlungen z_t^{oVK} erhält man durch Saldieren aller Zahlungen der jeweiligen Zeitpunkte. Dabei sind die Verkaufserlöse noch nicht mit einzubeziehen. Für die weiteren Berechnungen werden folgende Formeln benötigt:

$$C_{0\,0}^{oVK} = z_0^{oVK}$$

$$C_{0\,t}^{oVK} = C_{0\,t-1}^{oVK} + \frac{z_t^{oVK}}{q^t} \qquad \text{für alle } t = 1, \ldots T$$

$$C_{0\,t}^{mVK} = C_{0\,t}^{oVK} + \frac{VK_t}{q^t} \qquad \text{für alle } t = 0, \ldots T$$

$$a_{0\,t}^{mVK} = C_{0\,t}^{mVK} \cdot KWF\,(i;\,t) \qquad \text{für alle } t = 1, \ldots T$$

Maschine D

– i = 0,1		
– T = 8[40]		
– x = 9.000 ME pro Jahr		
– db je ME	Euro	20,00
– AK Beginn 1. Jahr	Euro	400.000,00
– VK in t = 0	Euro	400.000,00
t = 1	Euro	300.000,00
t = 2	Euro	240.000,00
t = 3	Euro	200.000,00
t = 4	Euro	170.000,00
t = 5	Euro	140.000,00
t = 6	Euro	150.000,00
t = 7	Euro	80.000,00
t = 8	Euro	20.000,00
– Perso pro Jahr nachschüssig	Euro	30.000,00
– Inst pro Jahr nachschüssig mit digitaler Steigerung um Euro 2.000,00	Euro	2.000,00
– Gen Ende 6. Jahr	Euro	100.000,00

---

[40] Hier ist mit T die technische Nutzungsdauer gemeint, die wirtschaftliche soll ja erst ermittelt werden.

2.2 Kapitalwertmethode ohne Berücksichtigung von Steuern

Die Kapitalwerte ohne Verkaufserlös ermittelt man durch eine sukzessive Addition der abgezinsten Zahlungen. Folglich sind die Werte dieser Zeile alles Kapitalwerte, die sich bei den entsprechenden Laufzeiten ergeben. Da man nur ein Mal verkaufen kann, wird zu jedem dieser Kapitalwerte der jeweilige abgezinste Verkaufserlös hinzugerechnet und es resultieren die Kapitalwerte mit Verkaufserlös. Der Kapitalwert mit einer Laufzeit von acht Jahren ist mit TEuro 310,39 am höchsten. Das heißt, die optimale Laufzeit bei einmaliger Durchführung der Investition entspricht der technischen Nutzungsdauer. Multipliziert man die Kapitalwerte mit Verkaufserlös mit den zu der entsprechenden Laufzeit passenden KWF´s, resultieren die Annuitäten. Somit werden die Kapitalwerte verrentet. Statt beispielsweise eines Kapitalwertes alle drei Jahre in Höhe von TEuro 113,66 hat man nun einen jährlichen Überschuss von TEuro 45,70. Beim Vergleich von sich wiederholenden Investitionen ist die Annuität als Entscheidungskriterium heranzuziehen. Aufgrund des höchsten Wertes mit TEuro 61,79 beträgt die optimale Laufzeit bei sich wiederholender Durchführung fünf Jahre. Der Grund für das Abweichen von dem Ergebnis bei einmaliger Durchführung ist in der Generalüberholung zu sehen. Zwar steigt der Kapitalwert trotz der Generalüberholung weiter an, aber die Verteilung auf die Jahre ergibt für die Laufzeiten mit Generalüberholung eine geringere Annuität.

Tabelle 2.9: Optimale Laufzeit

Zeitpunkt	t = 0	t = 1	t = 2	t = 3	t = 4	t = 5	t = 6	t = 7	t = 8
AK	400,00								
db · x		180,00	180,00	180,00	180,00	180,00	180,00	180,00	180,00
Perso		30,00	30,00	30,00	30,00	30,00	30,00	30,00	30,00
Inst		2,00	4,00	6,00	8,00	10,00	12,00	14,00	16,00
Gen							100,00		
Z_t^{oVK}	-400,00	148,00	146,00	144,00	142,00	140,00	38,00	136,00	134,00
$C_{0\,t}^{oVK}$	-400,00	-265,45	-144,79	-36,60	60,38	147,31	168,76	238,55	301,06
VK_t	400,00	300,00	240,00	200,00	170,00	140,00	150,00	80,00	20,00
$C_{0\,t}^{mVK}$	0,00	7,28	53,56	113,66	176,49	234,24	253,43	279,60	310,39
KWF		1,1000	0,5762	0,4021	0,3155	0,2638	0,2296	0,2054	0,1874
$a_{0\,t}^{mVK}$		8,01	30,86	45,70	55,68	61,79	58,19	57,43	58,18

2 Dynamische Investitionsrechnung

Eine Darlehensfinanzierung ist bei der Bestimmung der optimalen Laufzeit integrierbar. Für Maschine D wird ein 6%iges Darlehen in Höhe von Euro 400.000,00 für die jeweilige Laufzeit aufgenommen. Folgende Symbole werden eingeführt:

- Rate_t = Darlehensrate für eine Laufzeit von $T = t$
- $C_{0\,t}^{mVKuD}$ = Kapitalwert für eine Laufzeit von $T = t$ mit Verkaufserlös und Darlehen
- $a_{0\,t}^{mVKuD}$ = Annuität für eine Laufzeit von $T = t$ mit Verkaufserlös und Darlehen

Zunächst sind die Darlehensraten in Abhängigkeit von der Laufzeit mit Hilfe der Formel für die nachschüssige, konstante Rente zu bestimmen. Durch die Division der Darlehensrate mit dem KWF mit dem Kalkulationszins und der entsprechenden Laufzeit und anschließender Differenzbildung mit dem Darlehen ermittelt man den Finanzierungseffekt. Dieser wird dem Kapitalwert $C_{0\,t}^{mVK}$ hinzuaddiert und es resultiert $C_{0\,t}^{mVKuD}$. Abschließend multipliziert man mit dem KWF und erhält die Annuität.

$$\text{Rate}_t = \text{Darl} \cdot \text{KWF}(i_D; t) \quad \text{für alle } t = 1, \ldots T$$

$$C_{0\,t}^{mVKuD} = C_{0\,t}^{mVK} + \text{Darlehen} - \frac{\text{Rate}_t}{\text{KWF}(i; t)} \quad \text{für alle } t = 1, \ldots T$$

$$a_{0\,t}^{mVKuD} = C_{0\,t}^{mVKuD} \cdot \text{KWF}(i; t) \quad \text{für alle } t = 1, \ldots T$$

In Tabelle 2.10 wird das Ergebnis dargestellt. Die optimale Laufzeit bei einmaliger Durchführung beträgt wieder acht Jahre und bei sich wiederholender Durchführung fünf Jahre. Durch den positiven Finanzierungseffekt sind alle Kapitalwerte und Annuitäten höher als zuvor.

Tabelle 2.10: Optimale Laufzeit mit Darlehensfinanzierung

Zeitpunkt	t = 0	t = 1	t = 2	t = 3	t = 4	t = 5	t = 6	t = 7	t = 8
$C_{0\,t}^{mVK}$	0,00	7,28	53,56	113,66	176,49	234,24	253,43	279,60	310,39
Rate_t		424,00	218,17	149,64	115,44	94,96	81,35	71,65	64,41
$C_{0\,t}^{mVKuD}$		21,83	74,91	141,52	210,57	274,27	299,15	330,76	366,74
KWF		1,1000	0,5762	0,4021	0,3155	0,2638	0,2296	0,2054	0,1874
$a_{0\,t}^{mVKuD}$		24,01	43,16	56,91	66,43	72,35	68,69	67,94	68,74

2.2.8 Zusammenfassung

In diesem Abschnitt werden alle wichtigen Regeln und Formeln noch einmal zusammengestellt.

Überblick dynamische Investitionsrechnung

- Methoden
  - Kapitalwertmethode
  - Annuitätenmethode
  - Dynamische Amortisationszeit
  - Interne Zinsfußmethode
- Charakteristika
  - Rechenebene Ein- und Auszahlungen
  - Zeitlicher Anfall wird berücksichtigt
- Probleme
  - Vorteilhaftigkeit
  - Auswahl
  - Optimale Laufzeit

Kapitalwertmethode

- Eine Investition ist eine Zahlungsreihe, die mit einer Auszahlung beginnt.
- Die Zahlungsreihe ergibt sich durch die spaltenweise Saldierung der Zahlungen.
- Die 3 Z

  Je höher die Zahlungen,
  je früher der zeitliche Anfall,
  je niedriger der Zinssatz,
  desto höher ist der Kapitalwert.

- Kalkulationszins

Fremdfinanzierung	
- Kontokorrentkredit	Kontokorrentkreditzins
- Darlehen mit flexibler Tilgung	Darlehenszins
- Darlehen mit fester Tilgung	Kontokorrentkreditzins
- Finanzierung am GKM	GKM-Satz
Eigenfinanzierung	
- Vergleich mit GKM	GKM-Satz plus Risikoaufschlag
- Vergleich mit DAX	DAX-Rendite
- Vergleich mit SDAX	SDAX-Rendite
- Vergleich mit Branchenindex	Branchenrendite
- Vergleich mit CAPM	Formel mit β-Faktor

2 Dynamische Investitionsrechnung

Mischfinanzierung

- Gemisch   Gewogener Durchschnitt

Interpretation

Fremdfinanzierung

- Die Durchführung einer Investition ist gleichwertig mit einer Soforteinzahlung in Höhe des Kapitalwertes.
- Die Durchführung einer Investition ermöglicht eine Barauszahlung in Höhe des Kapitalwertes zu Beginn der Laufzeit.

Eigenfinanzierung

- Ein positiver Kapitalwert bedeutet, dass die der Investition innewohnende Verzinsung größer als der Mindestverzinsungsanspruch ist.

Darlehensfinanzierung

- Ein Darlehen mit fester Tilgung ist in die Zahlungsreihe der Investition zu integrieren.
- Bei der Kapitalwertberechnung gibt es einen Fall mit und ohne Berücksichtigung eines Darlehens.

Vorteilhaftigkeit

- Eine Investition ist vorteilhaft, wenn ihr Kapitalwert positiv ist.
- Unter Break-even-Menge versteht man diejenige Menge, die gerade noch einen positiven Kapitalwert gewährleistet.
- Die Break-even-Menge erhält man durch Nullsetzen der Kapitalwertfunktion in Abhängigkeit von der Menge und Auflösen nach x.

Auswahl

- Investitionen mit unterschiedlichen Anschaffungsauszahlungen sind bei Fremdfinanzierung ohne weitere Annahme vergleichbar.
- Bei Eigenfinanzierung wird der Differenzbetrag zweier unterschiedlich teurer Maschinen zum Kalkulationszins angelegt.
- Fälle

	Durchführung	Laufzeit	Methode
Fall 1	einmalig	gleich	Kapitalwertmethode
Fall 2	einmalig	verschieden	Kapitalwertmethode
Fall 3	wiederholend	gleich	Kapitalwertmethode
Fall 4	wiederholend	verschieden	Annuitätenmethode

- Fall 1 bis 3: Die Investition mit dem höheren Kapitalwert ist auszuwählen.
- Fall 2: Am Laufzeitende der Maschine mit der kürzeren Laufzeit wird das Geld für die Differenzzeit zum Kalkulationszins verwendet bzw. angelegt.
- Fall 4: Die Investition mit der höheren Annuität ist auszuwählen.

Kapitalwertmethode ohne Berücksichtigung von Steuern

- Die Indifferenzmenge ist diejenige Menge, bei der der Entscheider unentschieden ist bzw. die Entscheidung kippt.
- Die Indifferenzmenge berechnet sich durch Gleichsetzen der Kapitalwertfunktionen in Abhängigkeit von der Menge und Auflösen nach x.

Optimale Laufzeit

- Fälle

	Durchführung	Methode
Fall 1	einmalig	Kapitalwertmethode
Fall 2	wiederholend	Annuitätenmethode

- Bei einer einmaligen Investition ist die Laufzeit mit dem höchsten Kapitalwert optimal.
- Bei einer sich wiederholenden Investition ist die Laufzeit mit der höchsten Annuität optimal.

Tabelle 2.11: Kapitalwertmethode

Vorteilhaftigkeit

Kapitalwertformel

$$C_0 = -AK + \frac{db}{KWF} \cdot x - \frac{\text{Konstante/ Veränderliche Annuität}}{KWF/ KWFP}$$

$$- \frac{\text{Unregelmäßige Zahlungen}}{q^t} + \frac{VK}{q^T} + \left(\text{Darl} - \frac{\text{Rate}}{KWF}\right)$$

Darlehensfinanzierung

$$\text{Rate} = \text{Darlehen} \cdot KWF\,(i_D;\, T)$$

Finanzierungseffekt

$$\left(\text{Darl} - \frac{\text{Rate}}{KWF}\right)$$

Kapitalwertfunktion in Abhängigkeit von der Menge

$$C_0(x) = -\text{Konstante} + \frac{db}{KWF} \cdot x$$

mit

$$\text{Konstante} = -AK - \frac{\text{Konstante/ Veränderliche Annuität}}{KWF/ KWFP}$$

$$- \frac{\text{Unregelmäßige Zahlung}}{q^t} + \frac{VK}{q^T} + \left(\text{Darl} - \frac{\text{Rate}}{KWF}\right)$$

Break-even-Menge

$$C_0(x) = 0 = -\text{Konstante} + \frac{db}{KWF} \cdot x$$

Dynamische Investitionsrechnung

Auswahl

Indifferenzmenge

$$C_0(x) \text{ für B} = C_0(x) \text{ für C}$$

$$-\text{Konstante}_B + \frac{db_B}{KWF} \cdot x = -\text{Konstante}_C + \frac{db_C}{KWF} \cdot x$$

Optimale Laufzeit

Einmalige Durchführung

$$C_{0\,0}^{oVK} = z_0^{oVK}$$

$$C_{0\,t}^{oVK} = C_{0\,t-1}^{oVK} + \frac{z_t^{oVK}}{q^t} \qquad \text{für alle } t = 1, \ldots T$$

$$C_{0\,t}^{mVK} = C_{0\,t}^{oVK} + \frac{VK_t}{q^t} \qquad \text{für alle } t = 0, \ldots T$$

Sich wiederholende Durchführung

$$a_{0\,t}^{mVK} = C_{0\,t}^{mVK} \cdot KWF(i;t) \qquad \text{für alle } t = 1, \ldots T$$

Darlehensfinanzierung

$$\text{Rate}_t = \text{Darl} \cdot KWF(i_D;t) \qquad \text{für alle } t = 1, \ldots T$$

$$C_{0\,t}^{mVKuD} = C_{0\,t}^{mVK} + \text{Darlehen} - \frac{\text{Rate}_t}{KWF(i;t)} \qquad \text{für alle } t = 1, \ldots T$$

$$a_{0\,t}^{mVKuD} = C_{0\,t}^{mVKuD} \cdot KWF(i;t) \qquad \text{für alle } t = 1, \ldots T$$

2.3 Übrige Methoden

2.3.1 Vorgehen

Neben der Kapitalwertmethode existieren drei weitere Methoden der dynamischen Investitionsrechnung, die nacheinander vorgestellt werden. Für alle drei Methoden wird die Prüfung der Vorteilhaftigkeit, das Auswählen einer Investition sowie die Bestimmung der optimalen Laufzeit erläutert. Zudem werden die Ergebnisse mit denen der Kapitalwertmethode verglichen und Erklärungen für Abweichungen in der Empfehlung gegeben. Während die Prüfung der Vorteilhaftigkeit konkret am Beispiel der Maschine A durchgeführt wird, begnügt sich der Autor für das Auswahlproblem und die Bestimmung der optimalen Laufzeit mit allgemeinen Erläuterungen. Am Ende

Übrige Methoden **2.3**

des jeweiligen Abschnittes wird auf die Besonderheiten bei einer Darlehensfinanzierung mit Bezug auf Maschine A eingegangen. Die für diesen Abschnitt relevanten Daten der Maschine A sind untenstehend aufgeführt:

Maschine A

$i = 0{,}1$					
$T = 5$					
Zahlungsreihe					
-100.000,00	40.600,00	39.400,00	18.176,00	36.927,52	45.654,07
Kapitalwert					
36.696,55					
Darlehensreihe					
100.000,00	-23.739,64	-23.739,64	-23.739,64	-23.739,64	-23.739,64
Zusammengefasste Zahlungsreihe					
0,00	16.860,36	15.660,36	-5.563,64	13.187,88	21.914,43
Kapitalwert mit Darlehen					
46.704,64					

2.3.2 Annuitätenmethode

Die Annuitätenmethode ist eine Fortführung der Kapitalwertmethode. Der Kapitalwert wird in eine nachschüssige, konstante Rente umgewandelt.

$$\text{Annuität} = \text{Kapitalwert} \cdot \text{KWF}(i; T) \qquad \textbf{Annuitätenformel}$$

Vorteilhaftigkeit

Für Maschine A ergibt sich folgende Annuität

$a = 36.696{,}55 \cdot \text{KWF}(0{,}1;\ 5)$

$a = 9.680{,}46$

Analog zur Interpretation des Kapitalwertes bei Fremdfinanzierung in Abschnitt 2.2.3 soll die Annuität zum einen in Tabelle 2.12 als jährliche Einzahlung zum Schuldenabbau verwendet und zum anderen in Tabelle 2.13 als jährliche Barauszahlung betrachtet werden.

Für die erste Interpretation steht das Kontokorrentkonto vor der Investition mit Euro 80.000,00 im Soll. In Abschnitt 2.2.3 wurde zunächst dargestellt, dass sich die Schulden in Tabelle 2.5 durch die Investition oder in Tabelle 2.6 durch eine Soforteinzahlung in Höhe des Kapitalwertes auf Euro 69.740,65 reduzieren lassen. In Tabelle 2.12 wird gezeigt, dass eine jährliche Einzahlung in Höhe der Annuität das gleiche Ergebnis liefert.

Tabelle 2.12: Schuldenabbau durch eine jährliche Einzahlung in Höhe der Annuität

Periode	Anfangskapital	Zinsen	Tilgung	Einzahlung	Endkapital
1	80.000,00	8.000,00	1.680,46	9.680,46	78.319,54
2	78.319,54	7.831,95	1.848,51	9.680,46	76.471,03
3	76.471,03	7.647,10	2.033,36	9.680,46	74.437,67
4	74.437,67	7.443,77	2.236,69	9.680,46	72.200,98
5	72.200,98	7.220,10	2.460,36	9.680,46	69.740,62

Tabelle 2.13: Annuität als jährliche Gehaltszahlung

Periode	Anfangskapital	Zinsen	Tilgung	Gehalt	Rückflüsse	Endkapital
1	100.000,00	10.000,00	20.919,54	9.680,46	40.600,00	79.080,46
2	79.080,46	7.908,05	21.811,49	9.680,46	39.400,00	57.268,97
3	57.268,97	5.726,90	2.768,64	9.680,46	18.176,00	54.500,33
4	54.500,33	5.450,03	21.797,03	9.680,46	36.927,52	32.703,30
5	32.703,30	3.270,33	32.703,28	9.680,46	45.654,07	0,02

Als zweite Interpretationsmöglichkeit ließe sich die Annuität auch als jährliche Gehaltsauszahlung aus der Investition herausziehen. In Tabelle 2.13 hat das Kontokorrentkonto vor der Investition einen Saldo von Euro 0,00. Durch die Anschaffungsauszahlung beträgt das Anfangskapital der ersten Periode Euro 100.000,00. Durch die Rückflüsse der Investition wird die Anschaffungsauszahlung samt Zinsen zurückgezahlt und darüber hinaus eine jährliche Auszahlung in Höhe der Annuität ermöglicht. Zusammenfassend gelten folgende zwei Interpretationsmöglichkeiten für die Annuität:

- **Bei der Fremdfinanzierung ist die Durchführung einer Investition gleichwertig mit einer jährlichen Einzahlung in Höhe der Annuität.**
- **Bei der Fremdfinanzierung ermöglicht die Durchführung einer Investition eine jährliche Auszahlung in Höhe der Annuität.**

Übrige Methoden **2.3**

Das Entscheidungskriterium der Annuitätenmethode für die Vorteilhaftigkeit lautet:

Eine Investition ist vorteilhaft, wenn ihre Annuität positiv ist.

Da sich eine positive Annuität immer dann ergibt, wenn der Kapitalwert positiv ist, führen Annuitäten- und Kapitalwertmethode immer zum selben Ergebnis.

Auswahlproblem

Für die Fälle 1 bis 3

- einmalige Durchführung und gleiche Laufzeit
- einmalige Durchführung und verschiedene Laufzeit
- sich wiederholende Durchführung und gleiche Laufzeit

sind sowohl die Kapitalwertmethode als auch die Annuitätenmethode anwendbar und ergeben dasselbe Ergebnis. Multipliziert man die ermittelten Kapitalwerte mit demselben KWF, kann mit dem Annuitätenkriterium keine andere Reihenfolge als mit dem Kapitalwertkriterium herauskommen.

Wie in Abschnitt 2.2.6 erklärt, liegt der eigentliche Sinn der Annuitätenmethode in der Auswahl zwischen sich wiederholenden Investitionen mit unterschiedlichen Laufzeiten (Fall 4). Durch die jährliche Betrachtungsweise werden die Maschinen vergleichbar gemacht. Das Kapitalwertkriterium darf für solche Fälle nicht angewendet werden. Das Annuitätenkriterium lautet:

Die Investition mit der höheren Annuität ist auszuwählen.

Optimale Laufzeit

In Abschnitt 2.2.7 wurde zwischen einmaligen und sich wiederholenden Investitionen unterschieden. Anders als beim Auswahlproblem darf für einmalige Investitionen ausschließlich die Kapitalwertmethode und für sich wiederholende Investitionen ausschließlich die Annuitätenmethode angewendet werden. Es gilt folgende Entscheidungsregel:

Bei einer sich wiederholenden Investition ist die Laufzeit mit der höchsten Annuität optimal.

Darlehensfinanzierung

Wird für Maschine A ein Darlehen in Höhe der Anschaffungsauszahlung zu 6 % aufgenommen, resultiert ein positiver Finanzierungseffekt in Höhe von Euro 10.008,09. Folglich beträgt der Kapitalwert Euro 46.704,64 und die Annuität fällt höher aus.

$a = 46.704{,}64 \cdot \text{KWF}(0{,}1;\, 5)$

$a = 12.320{,}57$

2.3.3 Dynamische Amortisationszeit

Bei der Ermittlung der Amortisationszeit werden ausgehend von der Zahlungsreihe die abgezinsten Zahlungen solange aufaddiert, bis der Kapitalwert Null oder positiv wird. Somit ist die Amortisationszeit gleich der Anzahl der Jahre, ab der sich eine Investition rechnet.

Vorteilhaftigkeit

Tabelle 2.14 zeigt die Berechnung der Amortisationszeit für Maschine A. Folgende Symbole werden eingeführt:

- z_t = Zahlung zum Zeitpunkt t
- $C_{0\,t}$ = Kapitalwert für die Zahlungen von 0 bis t

Die Berechnungen ähneln denen zur Ermittlung der optimalen Laufzeit. Allerdings steht bei der Bestimmung der Amortisationszeit die Laufzeit fest und es geht nur darum, ab wann der Kapitalwert Null oder positiv wird. Somit ist der Verkaufserlös auch nur einmalig als feste Größe am Ende der Laufzeit zu berücksichtigen.

Tabelle 2.14: Amortisationszeit

Zeit-punkt	t = 0	t = 1	t = 2	t = 3	t = 4	t = 5
z_t	- 100.000,00	40.600,00	39.400,00	18.176,00	36.927,52	45.654,07
$C_{0\,t}$	- 100.000,00	- 63.090,91	- 30.528,93	- 16.873,03	8.348,97	36.696,55

Die Formel für den jeweiligen Kapitalwert lautet:

$$C_{0\,0} = z_0$$

$$C_{0\,t} = C_{0\,t-1} + \frac{z_t}{q^t} \qquad \text{für alle } t = 1, \ldots T$$

Die Amortisationszeit beträgt vier Jahre. Eine monatsgenaue Angabe erhält man, in dem man zunächst die Differenz der beiden Schwellenkapitalwerte ermittelt und anschließend den Quotienten aus dem Absolutbetrag des negativen Schwellenwertes und der Differenz der Schwellenwerte mit 12 multipliziert.

$$8.348{,}97 - (-16.873{,}03) = 25.222{,}00$$

$$(16.873{,}03 / 25.222{,}00) \cdot 12 = 8{,}03$$

Die monatsgenaue Amortisationszeit beträgt drei Jahre und acht Monate. Für die Beurteilung der Vorteilhaftigkeit wird folgendes Kriterium verwendet:

Übrige Methoden **2.3**

Eine Investition ist vorteilhaft, wenn die Amortisationszeit nicht länger als die Laufzeit der Investition ist.

Maschine A hat eine Laufzeit von fünf Jahren und somit ist die Investition vorteilhaft. Mit der Bestimmung der Amortisationszeit und der Kapitalwertmethode kommt man immer zum selben Ergebnis. Dennoch erachtet der Autor die Ermittlung der Dauer der Amortisationszeit nicht als überflüssig. Eine kurze Amortisationszeit gibt dem Entscheider Sicherheit, da Investitionen mit langen Amortisationszeiten aufgrund der schwierigen Vorhersage späterer Rückflüsse mit mehr Risiko behaftet sind. Von daher kann die Amortisationszeit als sinnvolle Ergänzung der Kapitalwertmethode gesehen werden.

Bei der Berechnung der Kapitalwerte zur Bestimmung der Amortisationszeit ist darauf zu achten, dass die Kapitalwerte auch positiv bleiben. Durch zum Beispiel eine Generalüberholung könnte ein im Vorjahr positiver Kapitalwert wieder negativ werden. Folglich ist es ratsam, nicht beim ersten positiven Wert aufzuhören, sondern sicherheitshalber alle Kapitalwerte bis zum Laufzeitende zu ermitteln.

Auswahlproblem

Beim Vergleich zweier Maschinen lautet das Entscheidungskriterium:

Die Investition mit der kürzeren Amortisationszeit ist auszuwählen.

Unter der Annahme regelmäßiger Rückflüsse führen die Kapitalwertmethode und die Bestimmung der Amortisationszeit häufig zur selben Reihenfolge der zu beurteilenden Maschinen. Bei konstruierten Fällen ist aber eine Abweichung möglich, wie in Tabelle 2.15 für die Maschinen I und II gezeigt wird. Zur Vereinfachung wird ein Zins von 0 % angenommen.

Tabelle 2:15: Amortisationszeiten für ein Auswahlproblem

Zeitpunkt		$t = 0$	$t = 1$	$t = 2$	$t = 3$	$t = 4$	$t = 5$
I	z_t	- 100,00	50,00	50,00	1,00	1,00	1,00
	$C_{0\,t}$	- 100,00	- 50,00	0,00	1,00	2,00	3,00
II	z_t	- 100,00	30,00	30,00	40,00	40,00	40,00
	$C_{0\,t}$	- 100,00	- 70,00	- 40,00	0,00	40,00	80,00

Investition I hat eine Amortisationszeit von zwei Jahren und Investition II von drei Jahren. Der Kapitalwert ist in der letzten Spalte für die Investition II mit Euro 80,00 deutlich höher als für die Investition I mit Euro 3,00. Somit sollte die Amortisationszeit

Dynamische Investitionsrechnung

auch beim Auswahlproblem eher den Charakter einer Zusatzinformation und nicht eines Entscheidungskriteriums haben. Auf eine Unterscheidung in die vier Fälle wird von daher verzichtet.

Optimale Laufzeit

Zur Bestimmung der optimalen Laufzeit kann die Ermittlung der Amortisationszeit nicht herangezogen werden. Problem und Methode schließen sich aus.

Darlehensfinanzierung

Die Integration einer Darlehensfinanzierung ist nicht möglich, da der Kapitalwert für die zusammengefasste Zahlungsreihe schon in t = 0 einen Wert von Null aufweist. Die Amortisationszeit wäre stets Null. In Tabelle 2.16 ist die Amortisationszeit für die darlehensfinanzierte Investition der Maschine A vollständigkeitshalber dargestellt.

Tabelle 2:16: Amortisationszeit für eine darlehensfinanzierte Investition

Zeitpunkt	t = 0	t = 1	t = 2	t = 3	t = 4	t = 5
z_t	0,00	16.860,36	15.660,36	- 5.563,64	13.187,88	21.914,43
$C_{0\,t}$	0,00	15.327,60	28.270,05	24.090,00	33.097,50	46.704,64

2.3.4 Interne Zinsfußmethode

Mit der internen Zinsfußmethode wird der Zins bestimmt, bei dem der Kapitalwert Null ist bzw. sich die Investition gerade noch rechnet. Dazu wird ausgehend von der Zahlungsreihe die Summe der abgezinsten Zahlungen gleich Null gesetzt und nach i aufgelöst. Die untenstehende Funktion nennt sich Kapitalwertfunktion in Abhängigkeit von i.

$$C_0(i) = 0 = -z_0 + \frac{z_1}{q^1} + \frac{z_2}{q^2} + \frac{z_3}{q^3} + \frac{z_4}{q^4} + \frac{z_5}{q^5} \qquad \text{Kapitalwertfunktion in Abhängigkeit von i}$$

Vorteilhaftigkeit

Zunächst wird der Begriff einer Normalinvestition definiert.

Bei einer Normalinvestition sind alle Rückflüsse nichtnegativ und deren Summe übersteigt die Anschaffungsauszahlung.

2.3 Übrige Methoden

Liegt eine Normalinvestition vor, ist die Kapitalwertfunktion in Abhängigkeit von i streng monoton fallend und weist genau eine Nullstelle auf. Das heißt, mit steigendem i fällt der Kapitalwert, da die positiven Rückflüsse immer stärker abgezinst werden, und es gibt eine eindeutige Lösung für den internen Zins. Zur Ermittlung der Lösung bietet sich ein Probierverfahren an. Anhand von einem Startzins und dem dazugehörigen Kapitalwert wird in den folgenden Iterationen der Zins angehoben, wenn der Kapitalwert positiv ist, und gesenkt, wenn der Kapitalwert negativ ist. In Tabelle 2.17 wird der interne Zins für die Normalinvestition der Maschine A bestimmt und in Abbildung 2.5 die dazugehörige Kapitalwertfunktion in Abhängigkeit von i dargestellt.

Tabelle 2.17: Interner Zins

Zins	Kapitalwert	Aktion
0,1000	36.696,55	Zins ↑
0,2000	7.868,72	Zins ↑
0,2500	- 2.912,45	Zins ↓
0,2400	- 908,31	Zins ↓
0,2350	120,70	Zins ↑
0,2360	- 86,57	Zins ↓
0,2355	16,97	Zins ↑
0,2356	- 3,75	Zins ↓

Der interne Zins beträgt 23,56 %. Graphisch ist der interne Zins die Nullstelle bzw. der Schnittpunkt mit der x-Achse. Für einen Zins von Null ergibt sich der Schnittpunkt mit der y-Achse in Höhe von Euro 80.757,59. Rechnerisch ermittelt man diesen durch die Addition der mit q = 1 abgezinsten also quasi unabgezinsten Zahlungsreihe. Lässt man den Zins gegen unendlich laufen, nähert sich der Kapitalwert Euro - 100.000,00, der Anschaffungsauszahlung.

Das Entscheidungskriterium für die Vorteilhaftigkeit lautet:

Eine Investition ist vorteilhaft, wenn der interne Zins größer als der Kalkulationszins ist.

Da der Kalkulationszins für Maschine A lediglich 10 % beträgt, ist die Investition vorteilhaft. Wäre der Kalkulationszins gleich dem internen Zins, würden die Rückflüsse lediglich für die Rückzahlung der Anschaffungsauszahlung samt Zinsen ausreichen und der Kapitalwert wäre Null. In Tabelle 2.18 wird eine Fremdfinanzierung mit einem Kreditzins von 23,56 % dargestellt.

2 Dynamische Investitionsrechnung

Abbildung 2.5: Kapitalwertfunktion in Abhängigkeit von i

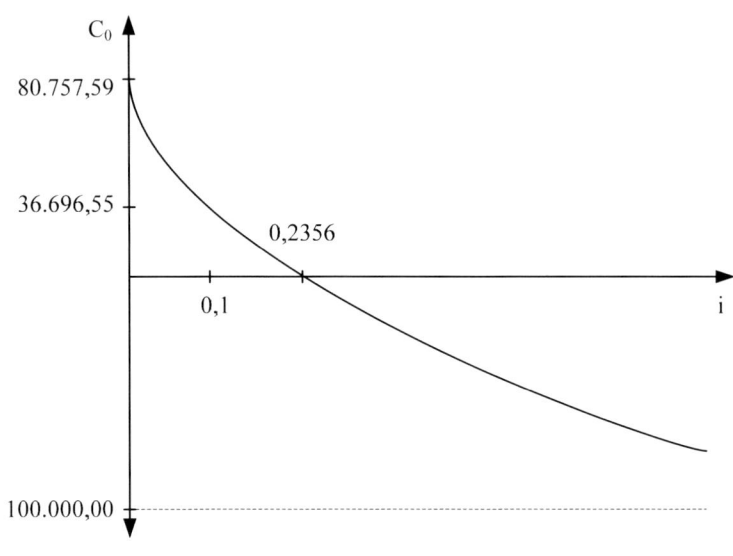

Tabelle 2.18: Interner Zins als maximaler Kreditzins

Periode	Anfangskapital	Zinsen	Tilgung	Rückflüsse	Endkapital
1	100.000,00	23.560,00	17.040,00	40.600,00	82.960,00
2	82.960,00	19.545,38	19.854,62	39.400,00	63.105,38
3	63.105,38	14.867,63	3.308,37	18.176,00	59.797,01
4	59.797,01	14.088,17	22.839,35	36.927,52	36.957,66
5	36.957,66	8.707,23	36.946,84	45.654,07	10,81

Es verbleibt ein Restkapital in Höhe von Euro 10,81, da mit nur zwei Stellen nach dem Komma gerechnet wurde.

Die interne Zinsfußmethode birgt allerdings einen Widerspruch in sich: Wenn ein Kalkulationszins als Vergleichsmaßstab vorhanden sein muss, kann auch gleich die Kapitalwertmethode benutzt werden. Die Ergebnisse der beiden Methoden können nicht voneinander abweichen, da der Kapitalwert nur dann positiv ist, wenn der Kalkulationszins kleiner als der interne Zins ist bzw. der Kalkulationszins links von der

Übrige Methoden

Nullstelle liegt. Von daher erscheint die interne Zinsfußmethode überflüssig. Wiederum sprechen aber zwei Argumente für die interne Zinsfußmethode. Zum einen handelt es sich um eine break-even-Analyse, mit der das Risiko durch einen Anstieg des Kalkulationszinses abgeschätzt werden soll. Zum anderen verdichtet die interne Zinsfußmethode die Informationen über die Güte einer Investition in einer einzigen Zahl, dem internen Zins.

Ein Entscheider braucht diese Zahl nur noch mit seinem individuellen Kreditzins, Anlagezins oder Mindestverzinsungsanspruch zu vergleichen und kann ohne weitere Rechnungen eine Entscheidung fällen. Der interne Zins ist sozusagen der Effektivzins einer Investition. Der Effektivzins wird eher im privaten Sektor verwendet und soll unkundigen Privatpersonen Angebote für Geldanlagen und Kredite vergleichbar machen. Ein Unternehmer aber sollte generell selber rechnen.

Nachteilig bzw. nicht anwendbar ist die interne Zinsfußmethode, wenn die Bedingungen für eine Normalinvestition nicht erfüllt sind. Abbildung 2.6 zeigt die Kapitalwertfunktion für die Normalinvestition sowie für die Problemfälle.

Im ersten Problemfall übersteigen die Rückflüsse nicht die Anschaffungsauszahlung. Die Kapitalwertfunktion hat im positiven Bereich keinen Schnittpunkt mit der x-Achse. Der interne Zins ist negativ und q kleiner Eins. Im zweiten Problemfall gibt es überhaupt keinen internen Zins, da sich die Kapitalwertfunktion durch ausschließlich negative Rückflüsse asymptotisch der x-Achse annähert. Zudem gilt die in Abschnitt 2.2.1 beschriebene 3Z-Regel nicht, nach der der Kapitalwert mit zunehmendem Zins sinkt. Hier ist es genau umgekehrt, er steigt. Beide bisherigen Problemfälle sind allerdings nicht sonderlich relevant. Die Unvorteilhaftigkeit von Investitionen mit solchen Zahlungsströmen ist auch mit bloßem Auge erkennbar. Der dritte Problemfall hingegen weist schon eine größere Relevanz auf. Durch zum Beispiel eine Generalüberholung kann die Zahlung eines Zeitpunktes negativ werden. Somit stellt sich dieser Fall als Gemisch einer Normalinvestition mit lauter positiven Rückflüssen und dem zweiten Problemfall mit ausschließlich negativen Rückflüssen dar. Mit steigendem Zins sinken die positiven und steigen die negativen abgezinsten Rückflüsse. Diese gegensätzlichen Effekte führen dazu, dass die Kapitalwertfunktion nicht streng monoton sein muss und es mehrere Nullstellen geben kann. Folglich gäbe es keine eindeutige Lösung. Der Achsenabschnitt ist in der Abbildung 2.6 nicht eingezeichnet, da er positiv oder negativ sein kann, je nachdem, ob die Summe der Rückflüsse größer oder kleiner als die Anschaffungsauszahlung ist.

Abbildung 2.6: Verläufe von Kapitalwertfunktionen in Abhängigkeit von i

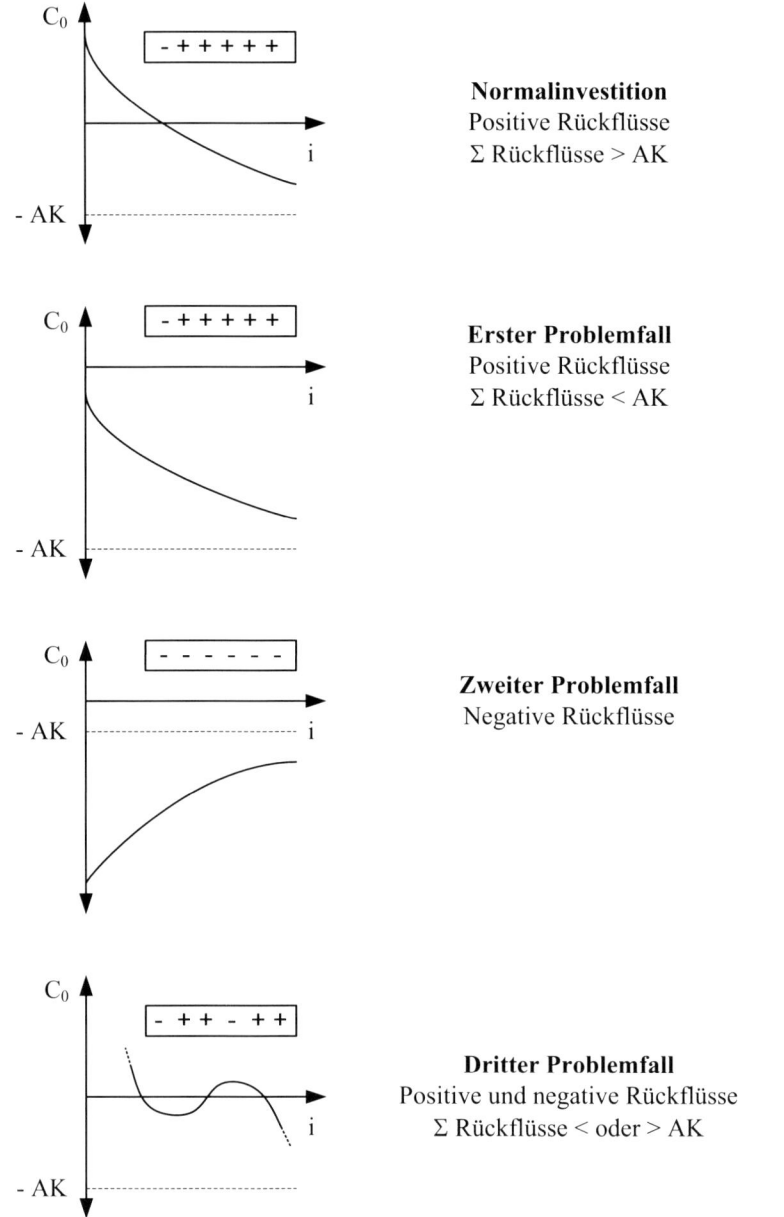

Auswahlproblem

Stehen zwei Maschinen zur Auswahl, werden die internen Zinssätze miteinander verglichen. Die Ausführungen beschränken sich auf einmalige Investitionen mit gleicher Laufzeit. Das Entscheidungskriterium lautet:

Die Investition mit dem höheren internen Zins ist auszuwählen.

Die Anwendung der internen Zinsfußmethode (IZM) für das Auswahlproblem ist kritisch zu sehen. Die Kapitalwertfunktionen der beiden Maschinen können sich schneiden. Liegt in Abbildung 2.7 der Kalkulationszins rechts vom Schnittpunkt, führen interne Zinsfußmethode und Kapitalwertmethode (KWM) zum selben Ergebnis, liegt er links vom Schnittpunkt, weichen die Empfehlungen voneinander ab. Letztendlich muss jeder Entscheider seinen individuellen Kalkulationszins wählen und mit der Kapitalwertmethode berechnen, welche Maschine den höheren Kapitalwert hat. Der Autor lehnt die interne Zinsfußmethode für das Auswahlproblem ab.

Abbildung 2.7: Interne Zinsfußmethode für das Auswahlproblem

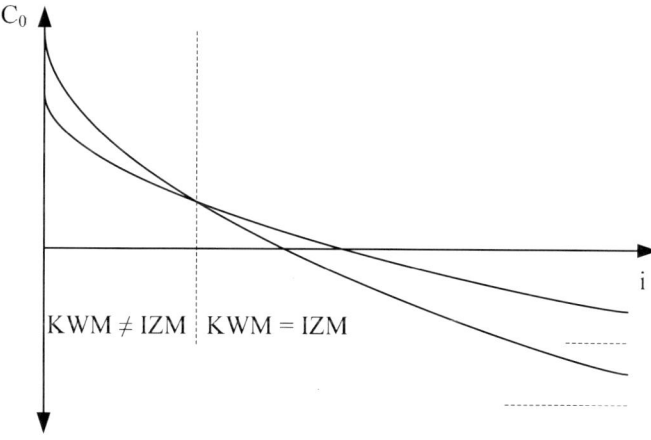

Optimale Laufzeit

Für die Bestimmung der optimalen Laufzeit bei einmaliger Durchführung ist die interne Zinsfußmethode nicht geeignet, da Investitionen mit unterschiedlichen Laufzeiten verglichen werden. Bei Anwendung der Kapitalwertmethode wurde die Annahme getroffen, dass für die Differenzzeit Gelder zum Kalkulationszins verwendet oder angelegt werden. Bei der internen Zinsfußmethode müsste man die Annahme treffen, dass Gelder zum jeweiligen internen Zins verwendet oder angelegt würden. Dies ist

2 Dynamische Investitionsrechnung

eine nicht zu akzeptierende Annahme. Die Eignung der internen Zinsfußmethode für den Fall sich wiederholender Investitionen ließe sich schon eher diskutieren, weil der interne Zins eine Jahresgröße ist. Auf weitere Ausführungen dazu soll aber verzichtet werden.

Darlehensfinanzierung

Für darlehensfinanzierte Investitionen ist die IZM nicht anwendbar. Das liegt daran, dass sich bei der zusammengefassten Zahlungsreihe in t = 0 die Anschaffungsauszahlung und Darlehensauszahlung zu einem Wert von Null saldieren. Für ausschließlich positive Rückflüsse nähert sich die Kapitalwertfunktion mit steigendem Zins der x-Achse lediglich an und es gibt keinen internen Zins. Kommen auch negative Rückflüsse vor, ist die Existenz eines internen Zinses eher unwahrscheinlich bzw. aufgrund der gegensätzlichen Effekte wie beim dritten Problemfall schwer zu ermitteln.

2.3.5 Zusammenfassung

In Tabelle 2.19 sind die wichtigsten Ergebnisse zusammengestellt. Für jede Methode wird die Berechnungsidee angedeutet, das Entscheidungskriterium für alle drei Grundprobleme genannt und ein Vergleich zu den Ergebnissen der Kapitalwertmethode gezogen. Bemerkungen mit einer Wertung und zu beachtende Hinweise schließen die Übersicht ab. Folgende Abkürzungen werden verwendet:

- KWM = Kapitalwertmethode
- ANM = Annuitätenmethode
- AZM = Amortisationszeitmethode
- IZM = Interne Zinsfußmethode
- AZ = Amortisationszeit
- IZ = Interner Zins

Bemerkungen

- Für die Prüfung der Vorteilhaftigkeit können alle Methoden genommen werden und ergeben übereinstimmende Ergebnisse.

- Bei dem Auswahlproblem für sich wiederholende Investitionen mit unterschiedlicher Laufzeit und bei der Bestimmung der optimalen Laufzeit für sich wiederholende Investitionen ist die Annuitätenmethode und nicht die Kapitalwertmethode zu wählen.

- Eine Anwendung der Annuitätenmethode auf die Fälle 1 bis 3 ist möglich, Kapitalwertmethode und Annuitätenmethode ergeben dasselbe Ergebnis.

2.3 Übrige Methoden

Tabelle 2.19: Übrige Methoden der dynamischen Investitionsrechnung

	KWM	ANM	AMZ	IZM
Berechnung	C_0	$a = C_0 \cdot KWF$	$C_{0\ t} \geq 0$	$C_0(i) = 0$
Vorteilhaftigkeit				
Anwendung	ja	ja	ja	ja
Kriterium	$C_0 \geq 0$	$a \geq 0$	$AZ \leq T$	$IZ \geq i$
Auswahl				
Anwendung				
– einmalig, gleich	ja	möglich	ergänzend	nein
– einmalig, versch.	ja	möglich	ergänzend	nein
– sich wdh., gleich	ja	möglich	ergänzend	n. betrachtet
– sich wdh., versch.	nein	ja	ergänzend	n. betrachtet
Kriterium	$C_0(B) \geq C_0(C)$	$a(B) \geq a(C)$	$AZ(B) \geq AZ(C)$	$IZ(B) \geq IZ(C)$
Optimale Laufzeit				
Anwendung				
– einmalig	ja	nein	nein	nein
– sich wdh.	nein	ja	nein	n. betrachtet
Kriterium	$\max C_{0\ t}^{mVK}$	$\max a_{0\ t}^{mVK}$	-	-
Integration Darl.	ja	ja	nein	nein

- Bei der Annuitätenmethode kann die Annuität als jährliche Gehaltszahlung interpretiert werden.

- Die Berechnung von Amortisationszeiten hat für das Auswahlproblem eher ergänzenden Charakter und für die Bestimmung der optimalen Laufzeit ist sie nicht anwendbar.

- Die Amortisationszeit ist ein Risikomaß, da spätere Rückflüsse mit mehr Risiko behaftet sind.

- Bei der Berechnung der Amortisationszeit muss darauf geachtet werden, dass der Kapitalwert auch positiv bleibt. Durch eine Generalüberholung könnte ein bereits positiver Kapitalwert wieder negativ werden.

- Die Anwendung der internen Zinsfußmethode setzt voraus, dass eine Normalinvestition vorliegt.

2 Dynamische Investitionsrechnung

- Definition Normalinvestition:
  - Alle Rückflüsse sind positiv.
  - Die Summe der Rückflüsse ist größer als die Anschaffungsauszahlung.
- Der interne Zins wird mit einem sukzessiven Probierverfahren ermittelt.
- Für einmalige Investitionen ist die Anwendung der internen Zinsfußmethode sowohl für das Auswahlproblem als auch für die Bestimmung der optimalen Laufzeit abzulehnen.
- Für sich wiederholende Investitionen bietet die interne Zinsfußmethode aufgrund der jährlichen Betrachtung Ansatzpunkte für die Anwendung.
- Der interne Zins ist gleich dem Break-even-Zins und kann somit als Risikomaß interpretiert werden.
- Der interne Zins hat als Effektivzins große Bedeutung.
- Die Integration einer Darlehensfinanzierung ist nur bei der Kapialwert- und Annuitätenmethode möglich.

2.4 Berücksichtigung von Risiko

2.4.1 Vorgehen

Die Inputdaten einer Investition liegen in der Zukunft und müssen geschätzt werden. Die Schätzungen sind mit Risiko behaftet. In diesem Abschnitt werden Quantifizierungen für das Risiko vorgestellt, um die Entscheidung auf eine breitere Basis zu stellen. Der Autor unterscheidet drei Ansätze, die mit den folgenden Abschnittsüberschriften korrespondieren. Der Schwerpunkt der Ausführungen liegt auf den uni- und multivariablen Ansätzen. Dabei wird wieder auf Maschine A als Beispiel zurückgegriffen.

- Pauschale Ansätze
  - Risikoaufschlag im Kalkulationszins
  - Amortisationszeit
- Univariable Ansätze
  - Sensitivitätsanalyse
  - Break-even-Analyse
- Multivariable Ansätze
  - Dreifachrechnung
  - Simulation

2.4.2 Pauschale Ansätze

Zu den pauschalen Ansätzen gehören der Risikoaufschlag im Kalkulationszins und die Berechnung der Amortisationszeit. Letztere wurde bereits in Abschnitt 2.3.3 behandelt.

Ein Risikoaufschlag wird im Rahmen der Eigenfinanzierung zur Bestimmung des Kalkulationszinses nach dem Opportunitätskostenansatz dem risikolosen Zins hinzuaddiert. Auch für die Fremdfinanzierung ist ein Risikoaufschlag denkbar und dient als Entlohnung für das übernommene Risiko. Durch die Kalkulation mit dem höheren Zins wird der Kapitalwert kleiner und man hat ein Risikopolster eingebaut. Kreditinstitute gehen ganz ähnlich vor: Sie bewerten bzw. raten ihre Firmenkunden und ordnen den Krediten mit Hilfe einer Datenhistorie Ausfallwahrscheinlichkeiten zu. Stark vereinfacht gesagt, stellen diese Ausfallwahrscheinlichkeiten die Risikoaufschläge dar. Da Banken eine Vielzahl von Firmenkunden haben, fangen mit dem Gesetz der großen Zahl die erhaltenen Risikoprämien die eingetretenen Ausfälle auf. Bei der Beurteilung von Investitionen für ein Unternehmen ist dies anders. Hier geht es nicht um eine Vielzahl von Investitionen, sondern möglicherweise nur um eine einzige. Mit einem Risikoaufschlag ist dem Unternehmen nur wenig geholfen. Er müsste mit dem Volumen der Investition steigen, da eine große Fehlinvestition schneller zur Existenzbedrohung führt als eine kleine, und könnte auch so hoch festgelegt werden, dass sich überhaupt keine Investition mehr lohnt. Zudem findet keine Lokalisierung der Risiken statt, auf die besonders geachtet werden sollte.

Bei der Amortisationszeit werden die abgezinsten Zahlungen der Zahlungsreihe so lange aufaddiert, bis der Kapitalwert positiv wird. Je kürzer sie ist, desto besser, da weit in der Zukunft liegende Zahlungen wegen der schwierigeren Prognose mit mehr Risiko behaftet sind. Die Amortisationszeit kann als ergänzende Information, nicht aber als Instrument zur Risikoquantifizierung gesehen werden.

Insgesamt lässt sich für die pauschalen Ansätze festhalten, dass sie zwar einfach durchzuführen, aber ihre Aussagen zu undifferenziert sind, um Grundlage für eine Entscheidungsunterstützung oder eine Risikosteuerung zu sein.

2.4.3 Univariable Ansätze

Zu den univariablen Ansätzen gehören die Sensitivitäts- und die Break-even-Analyse. Sie zeichnen sich dadurch aus, dass nur eine Variable zur Zeit verändert und die Auswirkung auf den Kapitalwert untersucht wird. Ausgangspunkt sind die jeweiligen Kapitalwertfunktionen in Abhängigkeit von den betrachteten Variablen. Während bei der Sensitivitätsanalyse die Empfindlichkeit des Kapitalwertes in Bezug auf eine prozentuale Veränderung einer Variablen untersucht wird, geht es bei der Break-even-Analyse um die gezielte Suche nach demjenigen Wert einer Variablen, der gerade noch

2 Dynamische Investitionsrechnung

einen positiven Kapitalwert gewährleitstet. Break-even-Analysen wurden bereits in Abschnitt 2.2.5 für die Menge und in Abschnitt 2.3.4 für den Zins durchgeführt. Ehe die Kapitalwertfunktionen aufgestellt werden, sollen zunächst die relevanten Daten der Maschine A wiederholt werden:

Maschine A

$i = 0{,}1$					
$T = 5$					
Zahlungsreihe					
-100.000,00	40.600,00	39.400,00	18.176,00	36.927,52	45.654,07
Kapitalwert					
36.696,55					
Darlehensreihe					
100.000,00	-23.739,64	-23.739,64	-23.739,64	-23.739,64	-23.739,64
Finanzierungseffekt					
10.008,09					
Zusammengefasste Zahlungsreihe					
0,00	16.860,36	15.660,36	-5.563,64	13.187,88	21.914,43
Kapitalwert mit Darlehen					
46.704,64					
Kapitalwertformel					

$$C_0 = -100.000{,}00 + \frac{48{,}00}{\text{KWF}(0{,}1;\ 5)} \cdot 2.200 - \frac{60.000{,}00}{\text{KWFP}(0{,}1;\ 5;\ 1{,}02)}$$

$$- \frac{5.000{,}00}{\text{KWF}(0{,}1;\ 5)} - \frac{20.000{,}00}{1{,}1^3} + \frac{10.000{,}00}{1{,}1^5}$$

$$+ \left(100.000{,}00 - \frac{23.739{,}64}{\text{KWF}(0{,}1;\ 5)}\right)$$

Für jede Kapitalwertfunktion wird mit Hilfe obiger Kapitalwertformel geschaut, in welchem Term die Variable vorkommt, alle anderen Terme werden zu einer Konstanten verschmolzen. Der Finanzierungseffekt durch eine eventuelle Darlehensfinanzierung wird in Klammern gesetzt, um auch diesen Fall abzudecken. Die Kapitalwertfunktionen lauten:

2.4 Berücksichtigung von Risiko

Kapitalwertfunktion in Abhängigkeit vom Kalkulationszins ohne Darlehen

$$C_0(i) = -100.000,00 + \frac{40.600,00}{q^1} + \frac{39.400,00}{q^2} + \frac{18.176,00}{q^3}$$
$$+ \frac{36.927,52}{q^4} + \frac{45.654,07}{q^5}$$

Kapitalwertfunktion in Abhängigkeit vom Kalkulationszins mit Darlehen

$$C_0(i) = -0,00 + \frac{16.860,36}{q^1} + \frac{15.660,36}{q^2} - \frac{5.563,64}{q^3}$$
$$+ \frac{13.187,88}{q^4} + \frac{21.914,43}{q^5}$$

Kapitalwertfunktion in Abhängigkeit von der Menge

$$C_0(x) = -363.610,54 + \frac{48,00}{KWF(0,1; 5)} \cdot x + (10.008,09)$$

Kapitalwertfunktion in Abhängigkeit vom Deckungsbeitrag

$$C_0(db) = -363.610,54 + \frac{2.200}{KWF(0,1; 5)} \cdot db + (10.008,09)$$

Kapitalwertfunktion in Abhängigkeit vom Personalaufwand

$$C_0(Perso) = 272.536,07 - \frac{1}{KWFP(0,1; 5; 1,02)} \cdot Perso + (10.008,09)$$

Kapitalwertfunktion in Abhängigkeit von der Tariferhöhung

$$C_0(p) = 272.536,07 - \frac{60.000,00}{KWFP(0,1; 5; p)} + (10.008,09)$$

Kapitalwertfunktion in Abhängigkeit vom Instandhaltungsaufwand

$$C_0(Inst) = 55.650,48 - \frac{1}{KWF(0,1; 5)} \cdot Inst + (10.008,09)$$

Kapitalwertfunktion in Abhängigkeit von der Generalüberholung

$$C_0(Gen) = 51.722,84 - \frac{1}{1,1^3} \cdot Gen + (10.008,09)$$

Kapitalwertfunktion in Abhängigkeit vom Verkaufserlös

$$C_0(VK) = 30.487,33 + \frac{1}{1,1^5} \cdot VK + (10.008,09)$$

2 Dynamische Investitionsrechnung

Sowohl für die Sensitivitäts- als auch die Break-even-Analyse müssen die Kapitalwertfunktionen streng monoton sein, da ansonsten die Spannweiten möglicher Kapitalwerte sowie die Break-even-Werte falsch berechnet werden können. Mit Ausnahme der Kapitalwertfunktionen in Abhängigkeit vom Kalkulationszins und der Tariferhöhung handelt es sich sogar um lineare Funktionen mit positiver oder negativer Steigung, sodass die strenge Monotonie gegeben ist. Die Kapitalwertfunktionen in Abhängigkeit vom Kalkulationszins und von der Tariferhöhung sind zwar nicht linear, aber streng monoton fallend. Allerdings bereitet die Berücksichtigung einer Darlehensfinanzierung bei der Kapitalwertfunktion in Abhängigkeit vom Kalkulationszins Schwierigkeiten, weil die Zahlungsreihe die Kriterien für eine Normalinvestition[41] nicht erfüllt. Anschaffungsauszahlung und Darlehensauszahlung heben sich in t = 0 auf und die Zahlungsreihe weist in t = 3 ein negatives Vorzeichen auf. Folglich sind die Ergebnisse einer Sensitivitätsanalyse ohne weitere Untersuchungen der Monotonie nur unter Vorbehalt interpretierbar und die Berechnung eines Break-even-Zinses ist nicht möglich.[42] In Tabelle 2.20 werden die Variablen für eine Sensitivitätsanalyse um realistische Prozentsätze variiert, um die Spannweiten möglicher Kapitalwerte abzubilden. Die Werte in Klammern beziehen sich wieder auf die Darlehensfinanzierung.

Für Maschine A reagiert der Kapitalwert am stärksten auf Veränderungen der Menge, des Deckungsbeitrages sowie der Personalaufwendungen. Die Kapitalwerte für die Menge und den Deckungsbeitrag sind deswegen gleich, weil beide Variablen mit denselben Prozentsätzen verändert werden und in der Kapitalwertformel multiplikativ miteinander verknüpft sind. Die übrigen Variablen fallen weniger oder wie der Verkaufserlös fast gar nicht ins Gewicht. Die Klammerwerte weisen mit Ausnahme der Kapitalwerte für den Kalkulationszins einen um den Finanzierungseffekt von Euro 10.008,09 höheren Wert aus. Eine Variation des Kalkulationszinses hingegen hat Einfluss auf den Finanzierungseffekt. Dieser ist gegenläufig zur Kapitalwertänderung der Investition, übertrifft ihn aber nicht. Wenn beispielsweise der Kontokorrentkreditzins als Kalkulationszins und der Darlehenszins näher zusammenrücken, wird der Finanzierungseffekt kleiner und umgekehrt. Für einen Kalkulationszins von 8 % beträgt der Finanzierungseffekt Euro 5.214,50 und für 12 % Euro 14.423,91. Dadurch betragen die Abstände der Kapitalwerte mit Darlehensfinanzierung nur circa Euro 2.400,00 und ohne Darlehensfinanzierung circa Euro 7.000,00.

---

41 Die Summe der Rückflüsse übertrifft die Anschaffungsauszahlung und die Rückflüsse sind allesamt nicht negativ.
42 Der Break-even-Zins ist gleich dem internen Zins.

Tabelle 2.20: Sensitivitätsanalyse

Variable	%	Wert	Kapitalwert	Kapitalwert mit Darlehen
	- 20	8 %	44.014,66	(49.229,16)
i		10 %	36.696,55	(46.704,64)
	+ 20	12%	29.970,21	(44.394,12)
	- 10	1.980	- 3.334,16	(6.673,93)
x		2.200	36.696,55	(46.704,64)
	+ 10	2.420	76.727,26	(86.735,35)
	- 10	43,20	- 3.334,16	(6.673,93)
db		48,00	36.696,55	(46.704,64)
	+ 10	52,80	76.727,26	(86.735,35)
	- 10	54.000,00	60.280,50	(70.288,59)
Perso		60.000,00	36.696,55	(46.704,64)
	+ 10	66.000,00	13.112,60	(23.120,69)
	- 100	0 %	45.088,86	(55.096,95)
p		2 %	36.696,55	(46.704,64)
	+ 100	4 %	27.981,80	(37.989,89)
	- 20	4.000,00	40.487,33	(50.495,42)
Inst		5.000,00	36.696,55	(46.704,64)
	+ 20	6.000,00	32.905,76	(42.913,85)
	- 20	16.000,00	39.701,81	(49.709,90)
Gen		20.000,00	36.696,55	(46.704,64)
	+ 20	24.000,00	33.691,29	(43.699,38)
	- 20	8.000,00	35.454,70	(45.462,79)
VK		10.000,00	36.696,55	(46.704,64)
	+ 20	12.000,00	37.938,39	(47.946,48)

Für die Break-even-Analyse wird jede Kapitalwertfunktion gleich Null gesetzt und nach der entsprechenden Variablen aufgelöst. Tabelle 2.21 zeigt in der linken Spalte die Resultate ohne Darlehensfinanzierung und in der rechten Spalte mit. Die Ergebnisse sind die logische Fortsetzung der Sensitivitätsanalyse. Für Variablen, deren Veränderung in der Sensitivitätsanalyse große Auswirkungen auf den Kapitalwert hatten, liegen Break-even- und Planwert nahe beieinander. Die Break-even-Werte der anderen Variablen sind weit von ihren Planwerten entfernt. Der Verkaufserlös müsste sogar negativ werden. Bei der Darlehnsfinanzierung sind die Break-even-Werte aufgrund des positiven Finanzierungseffektes immer etwas besser.

Tabelle 2.21: Break-even-Analyse

Variable	Break-even	Break-even mit Darlehen
i	23,56 %	–
x	1.998,32	(1.943,32)
db	43,60	(42,40)
Perso	69.335,98	(71.882,14)
p	9,96 %	(11,95 %)
Inst	14.680,46	(17.320,57)
Gen	68.843,10	(82.163,87)
VK	- 49.100,15	(- 65.218,28)

Die univariablen Ansätze vernachlässigen, dass Variablen miteinander korrelieren können. Dies kann sowohl zu einer Erhöhung, als auch einer Senkung des Risikos führen. Korreliert der Kalkulatinszins über die Inflationsrate positiv mit der Tariferhöhung, wird das Risiko bei einer Einzelbetrachtung unterschätzt. Bei gleichzeitiger Erhöhung des Kalkulationszinses und der Tariferhöhung wäre ein Break-even-Wert viel näher am Planwert. Die Nichtbeachtung von Korrelationen kann aber auch zur Überschätzung des Risikos führen. Wie zuvor beschrieben, können die Menge und die Personalaufwendungen positiv miteinander korrelieren. Bei sinkender Menge werden dann auch die Personalaufwendungen geringer. Eine Vernachlässigung dieses Zusammenhanges hat zu vorsichtige, d. h. eine zu hohe Break-even-Menge und einen zu hohen Wert für die Break-even-Personalaufwendungen zur Folge.

2.4.4 Dreifachrechnung

Die Dreifachrechnung gehört zu den multivariablen Ansätzen und betrachtet drei Fälle:

- Optimistischer Fall
- Wahrscheinlicher Fall
- Pessimistischer Fall

Ausgehend von den in der Sensitivitätsanalyse vorgeschlagenen Bandbreiten der Variablen werden im optimistischen Fall alle Variablen jeweils auf den besten Wert und im pessimistischen Fall auf den schlechtesten gesetzt und die dazugehörigen Kapitalwerte ermittelt. Beim wahrscheinlichen Fall geht man von den Planwerten aus. Der Kalkulationszins beträgt für alle drei Fälle 10 %, da die Zahlungsreihe im pessimistischen Fall die Bedingungen einer Normalinvestition nicht erfüllt. Hierauf wird später noch eingegangen. In Tabelle 2.22 sind die Werte der Variablen für alle drei Fälle aufgeführt.

2.4 Berücksichtigung von Risiko

Tabelle 2.22: Dreifachrechnung

Variable	Optimistisch	Wahrscheinlich	Pessimistisch
x	2.420	2.200	1.980
db	52,80	48,00	43,20
Perso	54.000,00	60.000,00	66.000,00
p	0 %	2 %	4 %
Inst	4.000,00	5.000,00	6.000,00
Gen	16.000,00	20.000,00	24.000,00
VK	12.000,00	10.000,00	8.000,00

Optimistischer Fall

$$C_0 = -100.000{,}00 + \frac{52{,}80}{\text{KWF}(0{,}1;5)} \cdot 2.420 - \frac{54.000{,}00}{\text{KWFP}(0{,}1;5;1{,}00)}$$

$$- \frac{4.000{,}00}{\text{KWF}(0{,}1;5)} - \frac{16.000{,}00}{1{,}1^3} + \frac{12.00{,}00}{1{,}1^5} + (10.008{,}09)$$

$$C_0 = 159.935{,}96 \qquad (169.944{,}05)$$

Wahrscheinlicher Fall

$$C_0 = -100.000{,}00 + \frac{48{,}00}{\text{KWF}(0{,}1;5)} \cdot 2.200 - \frac{60.000{,}00}{\text{KWFP}(0{,}1;5;1{,}02)}$$

$$- \frac{5.000{,}00}{\text{KWF}(0{,}1;5)} - \frac{20.000{,}00}{1{,}1^3} + \frac{10.000{,}00}{1{,}1^5} + (10.008{,}09)$$

$$C_0 = 36.696{,}55 \qquad (46.704{,}64)$$

Pessimistischer Fall

$$C_0 = -100.000{,}00 + \frac{43{,}20}{\text{KWF}(0{,}1;5)} \cdot 1.980 - \frac{66.000{,}00}{\text{KWFP}(0{,}1;5;1{,}04)}$$

$$- \frac{6.000{,}00}{\text{KWF}(0{,}1;5)} - \frac{24.000{,}00}{1{,}1^3} + \frac{8.000{,}00}{1{,}1^5} + (10.008{,}09)$$

$$C_0 = -80.569{,}87 \qquad (-70.561{,}78)$$

Das Resultat ist typisch für die Dreifachrechnung. Im pessimistischen Fall wird der Kapitalwert negativ und im optimistischen Fall erhöht er sich deutlich gegenüber dem wahrscheinlichen Fall. Sehr geholfen ist dem Entscheider damit nicht, zumal beide Konstellationen äußerst unwahrscheinlich sind und Interdependenzen zwischen den Variablen unberücksichtigt bleiben. Weiterhin besteht das Problem, dass der Kalkulationszins nicht ohne weiteres in die Dreifachrechnung einbezogen werden kann. Die Begründung liefert die Zahlungsreihe des pessimistischen Falles in Tabelle 2.23. Durch das negative Vorzeichen bei den Rückflüssen in t = 3 liegt keine Normalinvestition vor. Von daher kann man nicht sicher sein, ob die Kapitalwertfunktion in Abhängigkeit von i streng monoton ist. Folglich lassen sich hoher und niedriger Kalkulationszins nicht eindeutig dem optimistischen oder pessimistischen Fall zuordnen. Wenn alle Rückflüsse positiv wären, würde der niedrige Kalkulationszins dem optimistischen Fall zugewiesen werden.

Tabelle 2.23: Zahlungsreihe im pessimistischen Fall

Zeit-punkt	t = 0	t = 1	t = 2	t = 3	t = 4	t = 5
AK	100.000,00					
db·x		85.536,00	85.536,00	85.536,00	85.536,00	85.536,00
Perso		66.000,00	68.640,00	71.385,60	74.241,02	77.210,67
Inst		6.000,00	6.000,00	6.000,00	6.000,00	6.000,00
Gen				24.000,00		
VK						8.000,00
Zahl. reihe	- 100.000,00	13.536,00	10.896,00	- 15.849,60	5.294,98	10.325,33

2.4.5 Simulation und Kapitalwert at Risk

Die Simulation gehört auch zu den multivariablen Ansätzen. Mit ihr ist es möglich, Wahrscheinlichkeitsaussagen über die Höhe des Kapitalwertes zu machen. Dazu werden nicht nur ein paar wenige Kapitalwerte berechnet, sondern gleich 10.000 und mehr. Für jede risikobehaftete Variable ist ein Intervall zu schätzen, in dem sie mit großer Wahrscheinlichkeit liegen wird. In einer Iteration werden wie bei einer Lotterie zufällig Werte für die Variablen aus ihren jeweiligen Intervallen gezogen. Das Ziehen der Werte wird gesteuert, in dem den Variablen innerhalb der Intervalle Wahrscheinlichkeitsverteilungen zugeordnet werden, d. h. einige Werte sollen häufiger gezogen werden als andere, da sie wahrscheinlicher sind. Auch lassen sich Korrelationen zwischen Variablen abbilden, in dem funktionale Beziehungen modelliert werden. Wenn für alle Variablen Werte gezogen und ermittelt sind, wird der Kapitalwert berechnet und gespeichert. Jetzt folgt die nächste Iteration und es werden neue Werte für die Variablen gezogen, um den nächsten Kapitalwert zu bestimmen. Nach 10.000 Iterationen hat man 10.000 Kapitalwerte, die man der Größe nach sortiert. Durch einfaches Auszählen sind schon erste Wahrscheinlichkeitsaussagen möglich. Liegen beispielsweise 1.600 Ergebnisse im negativen Bereich, kann man sagen, dass der Kapitalwert mit 16 %iger Wahrscheinlichkeit negativ bzw. mit 84 %iger Wahrscheinlichkeit positiv sein wird. Im folgenden sollen einige Wahrscheinlichkeitsverteilungen für Variablen und Modellierungsmöglichkeiten für Korrelationen vorgestellt werden. Danach wird

2.4 Berücksichtigung von Risiko

erklärt, wie man Zufallszahlen für die Variablen gewinnt, die der gewünschten Verteilung gehorchen. Damit sind die Grundlagen gelegt, um eine Simulation für Maschine A durchzuführen. Am Ende des Beispiels werden Wahrscheinlichkeitsaussagen über den Kapitalwert getroffen. Dabei wird der sogenannte Kapitalwert at Risk definiert und erklärt.

▪ Wahrscheinlichkeitsverteilungen für die Variablen

Zunächst werden folgende Symbole eingeführt:

- lb = Untere Intervallgrenze (lower bound)
- ub = Obere Intervallgrenze (upper bound)
- prob = Wahrscheinlichkeit (probability)
- μ = Mittelwert
- σ = Standardabweichung
- G = Gleichverteilung
- N = Normalverteilung
- D = Diskrete Verteilung

Anhand der Menge x werden die Verteilungen erklärt.

Gleichverteilung

$$x \in G(lb; ub)$$

Abbildung 2.8: *Gleichverteilung*

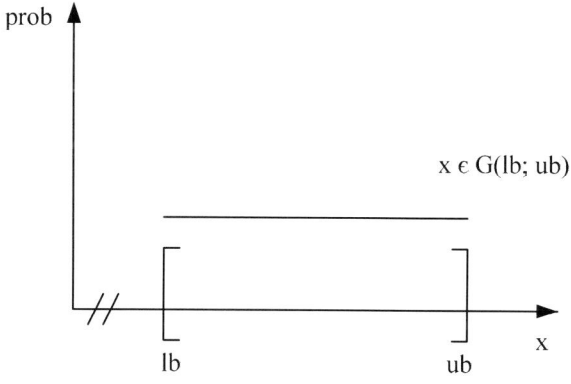

Die Variable x liegt im Intervall zwischen lb und ub. Jeder Wert hat die gleiche Wahrscheinlichkeit.

Normalverteilung

$x \in N(\mu; \sigma)$

Abbildung 2.9: Normalverteilung

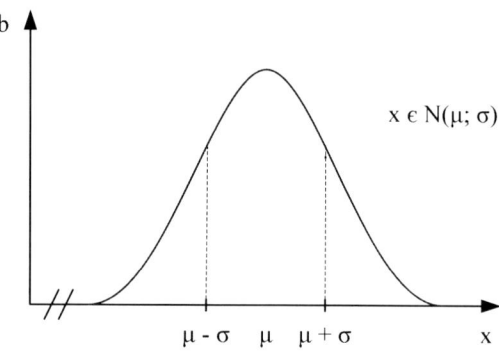

Die meisten Werte schwanken um den Mittelwert µ plus minus der Standardabweichung σ (Wendepunkt). Manchmal gehen die Werte darüber hinaus.

Diskrete Verteilung

$$x \in D \text{ mit } \begin{cases} \text{prob}(x_1) = 0{,}2 \\ \text{prob}(x_2) = 0{,}7 \\ \text{prob}(x_3) = 0{,}1 \end{cases}$$

Abbildung 2.10: Diskrete Verteilung

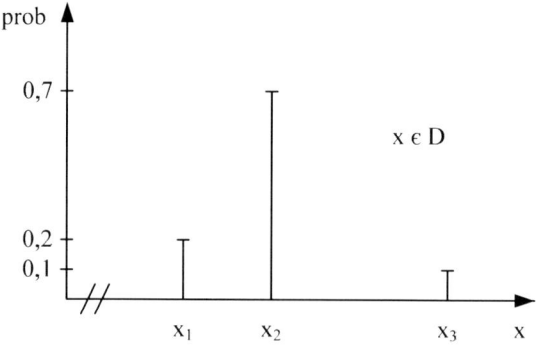

2.4 Berücksichtigung von Risiko

Für die Menge gibt es drei mögliche Werte, die mit unterschiedlichen Wahrscheinlichkeiten belegt sind.

Modellierung von Korrelationen

Drei Funktionstypen sollen erläutert werden. Dazu werden folgende Symbole eingeführt:

- $\underline{a}$ = Achsenabschnitt einer Korrelationsfunktion
- b = Steigung einer Korrelationsfunktion

Lineare Funktion

Für den Kalkulationszins und die Tariferhöhungen soll ein positiver linearer Zusammenhang bestehen mit i ∈ [0,08; 0,12] bzw. q ∈ [1,08; 1,12] und p ∈ [1,00; 1,04]. Damit der Zusammenhang rechenbar wird, müssen die Parameter der Funktion $\underline{a}$ und b bestimmt werden. Dies geschieht durch Auflösung zweier Gleichungen, die sich auf die Intervallgrenzen beziehen.

$$p(q) = \underline{a} + b \cdot q$$

I $\qquad p(1,12) = 1,04 = \underline{a} + b \cdot 1,12$

II $\qquad p(1,08) = 1,00 = \underline{a} + b \cdot 1,08$

I – II $\qquad 0,04 = b \cdot 0,04$

$1 = b$

$\underline{a} = -0,08$

$p(q) = -0,08 + q$

Die Steigung von Eins in Abbildung 2.11 bedeutet, dass eine Steigung von einem Prozentpunkt beim Kalkulationszins auch eine Steigung von einem Prozentpunkt bei der Tariferhöhung nach sich zieht. Bei der Durchführung der Simulation wird gemäß einer noch festzulegenden Verteilung ein Wert für den Kalkulationszins gezogen und die Tariferhöhung mittels obiger Funktion ermittelt. Dieser errechnete Wert kann direkt als Variablenwert dienen oder aber auch zum Beispiel als Mittelwert einer sich ableitenden Normalverteilung gesehen werden.

Abbildung 2.11: Linearer Zusammenhang

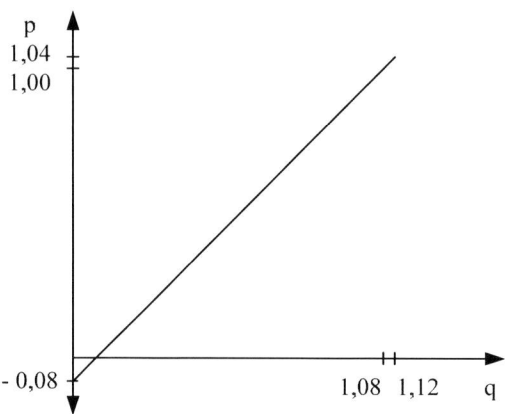

Wurzelfunktion

Die Instandhaltungsaufwendungen sollen im mittleren Bereich wurzelförmig von der Menge abhängen mit Inst ∈ [4.000,00; 6.000,00] und x ∈ [1.980; 2.420]. Zunächst sind wieder die Parameter der Funktion zu bestimmen.

$$\text{Inst}(x) = \underline{a} + b \cdot \sqrt{x}$$

I $\qquad$ $\text{Inst}(2.420) = 6.000,00 = \underline{a} + b \cdot \sqrt{2.420}$

II $\qquad$ $\text{Inst}(1.980) = 4.000,00 = \underline{a} + b \cdot \sqrt{1.980}$

I – II $\qquad$ $2.000,00 = b \cdot 4,70$

$425,87 = b$

$\underline{a} = -14.949,87$

$$\text{Inst}(x) = \begin{cases} 4.000,00 \text{ für } x \in [880; 1.980[\\ -14.949,87 + 425,87 \cdot \sqrt{x} \text{ für } x \in [1.980; 2.420[\\ 6.000,00 \text{ für } x \in [2.420; 3.520] \end{cases}$$

Die Instandhaltungsaufwendungen steigen mit zunehmender Menge an, allerdings nur unterproportional. Für sehr kleine bzw. sehr große Mengen betragen die Instandhaltungsaufwendungen 4.000,00 bzw. 6.000,00. Bei der Durchführung der Simulation wird erst ein Wert für die Menge gezogen und anschließend werden die Instandhaltungsaufwendungen errechnet.

Abbildung 2.12: Wurzelförmiger Zusammenhang

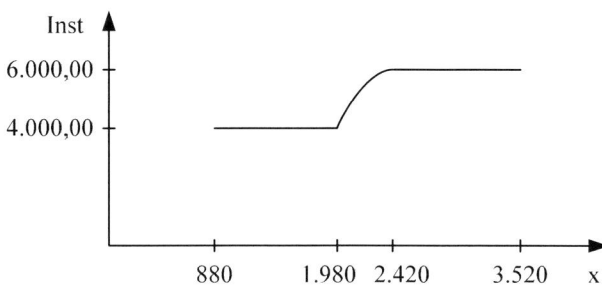

Treppenfunktion

Zwischen Menge und Personalaufwendungen soll ein sprungfixer Zusammenhang modelliert werden mit x ∈ [880; 3.520] und Perso ∈ [54.000,00; 66.000,00]

$$\text{Perso}(x) = \begin{cases} 54.000,00 & \text{für } x \in [880; 1.540[\\ 58.000,00 & \text{für } x \in [1.540; 2.200[\\ 62.000,00 & \text{für } x \in [2.200; 2.860[\\ 66.000,00 & \text{für } x \in [2.860; 3.520] \end{cases}$$

Abbildung 2.13: Treppenförmiger Zusammenhang

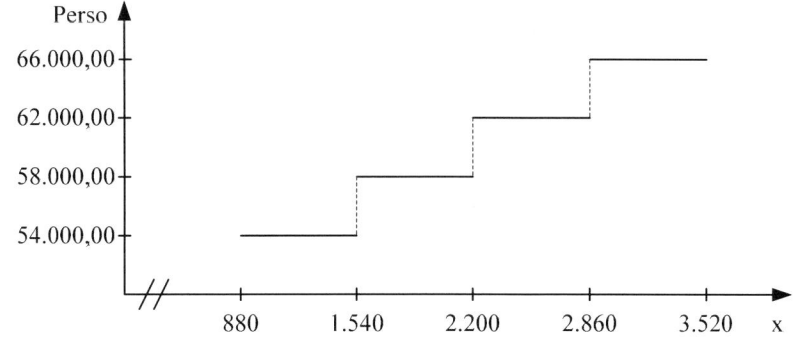

2 Dynamische Investitionsrechnung

Hinter dem treppenförmigen Verlauf steht die Annahme, dass kleine Beschäftigungsänderungen durch Leerzeiten oder Überstunden aufgefangen werden. Größere Veränderungen in der Beschäftigung haben dann aber Entlassungen oder Einstellungen mit einem Sprung in den Personalaufwendungen zur Folge.

■ Transformation von Standardzufallszahlen

Für das Ziehen der Variablen gemäß den obigen Verteilungen müssen Zufallszahlen generiert werden. Dies geschieht in zwei Schritten. Zunächst werden sogenannte Standardzufallszahlen generiert, die zwischen Null und Eins gleichverteilt sind. Anschließend müssen sie mit untenstehenden Formeln in die gewünschten Verteilungen der Variablen transformiert werden. Man benötigt folgende Symbole:

– zuf = Standardzufallszahl
– z = Standardnormalverteilte Zufallszahl
– y = Interimsnormalverteilte Zufallszahl

Die oben aufgeführten drei Verteilungen werden allgemein und mit Beispiel wieder anhand der Menge erklärt.

Gleichverteilung

$$x \in G(lb; ub)$$

$$1 \; zuf \in [0; 1]$$

$$x = lb + zuf \cdot (ub - lb)$$

Die Zufallszahl wird mit der Intervallbreite multipliziert und danach mit der unteren Intervallgrenze summiert. Oder anschaulicher: Das Intervall der Zufallszahl wird erst gedehnt und dann an die richtige Stelle geschoben.

Beispiel zur Gleichverteilung

$$x \in G(1.980; 2.420)$$

$$zuf = 0{,}378$$

$$x = 1.980 + 0{,}378 \cdot (2.420 - 1.980)$$

$$x = 2.146{,}32$$

Abbildung 2.14: Gleichverteilte Menge

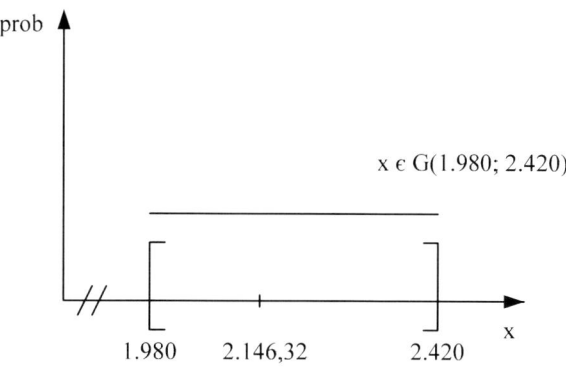

Normalverteilung

$x \in N(\mu; \sigma)$

12 zuf $\in [0; 1]$

$z = \sum \text{zuf} - 6$

$y = z \cdot \sigma$

$x = y + \mu$

Für eine normalverteilte Variable benötigt man genau 12 Standardzufallszahlen, die man addiert und 6 davon abzieht. Die Variable z ist standardnormalverteilt mit einem Mittelwert von Null und einer Standardabweichung von Eins.

Abbildung 2.15: Standardnormalverteilung

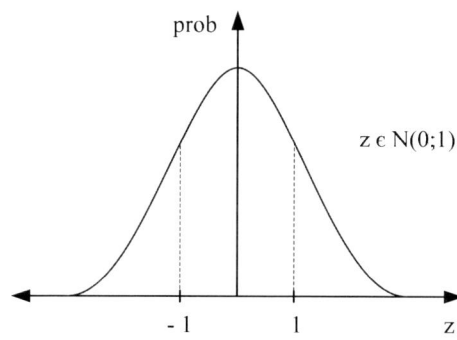

Anschließend multipliziert man die Variable z mit der gewünschten Standardabweichung, damit die Verteilung schon mal die richtige Breite hat. Die Variable y ist normalverteilt mit dem Mittelwert Null und der Standardabweichung σ (interimsnormalverteilt).

Abbildung 2.16: Interimsnormalverteilung

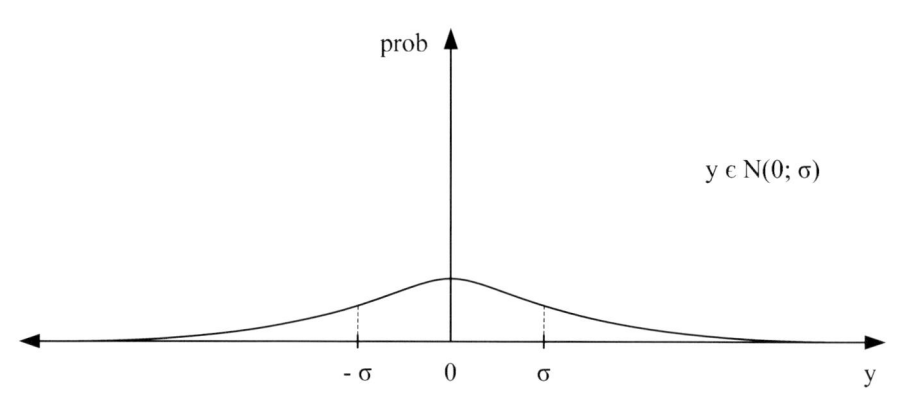

Durch die Addition des Mittelwertes μ wird die Verteilung an die richtige Stelle verschoben und die Tranformation abgeschlossen.

Abbildung 2.17: Normalverteilung

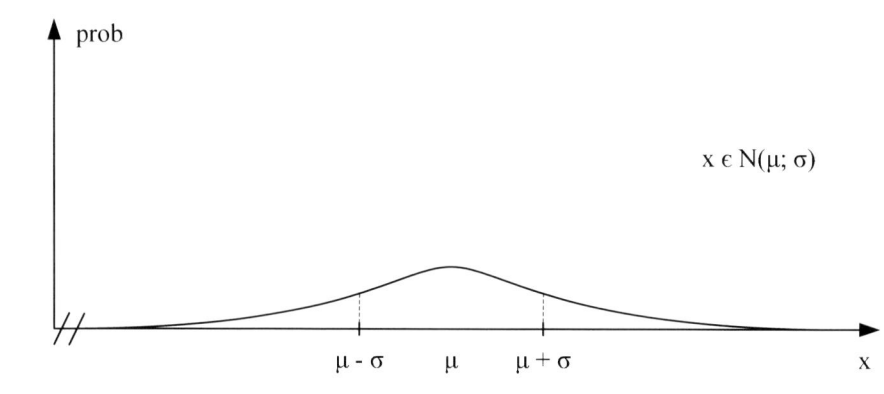

2.4 Berücksichtigung von Risiko

Beispiel zur Normalverteilung

$x \in N(2.200; 220)$

zuf =	0,716	0,329	0,163	0,244	0,657	0,531
	0,981	0,914	0,682	0,351	0,425	0,862

$z = \Sigma\ 6{,}855 - 6$

$z = 0{,}855$

$y = 0{,}855 \cdot 220$

$y = 188{,}10$

$x = 2.200 + 188{,}10$

$x = 2.388{,}10$

Abbildung 2.18: Normalverteilte Menge

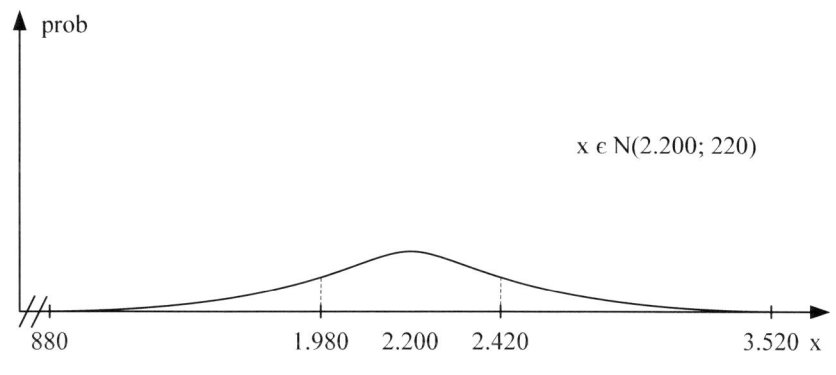

Diskrete Verteilung

$x \in D$ mit $\begin{cases} prob(x_1) = Wert \\ prob(x_2) = 1 - Wert \end{cases}$

$x = \begin{cases} x_1 \text{ falls zuf } \varepsilon\ [0;\ Wert[\\ x_2 \text{ falls zuf } \varepsilon\ [Wert;\ 1] \end{cases}$

1 zuf ε [0; 1]

Bei einer diskreten Verteilung wird das Intervall der Standardzufallszahl entsprechend den Wahrscheinlichkeiten der beiden Ausprägungen der Menge aufgeteilt.

2 Dynamische Investitionsrechnung

Beispiel für diskrete Verteilung

$$x \in D \text{ mit } \begin{cases} \text{prob}(2.100) = 0,3 \\ \text{prob}(2.350) = 0,7 \end{cases}$$

$$x = \begin{cases} 2.100 \text{ falls zuf} \in [0; 0,3[\\ 2.350 \text{ falls zuf} \in [0,3; 1] \end{cases}$$

zuf = 0,463

x = 2.350

Abbildung 2.19: Diskret verteilte Menge

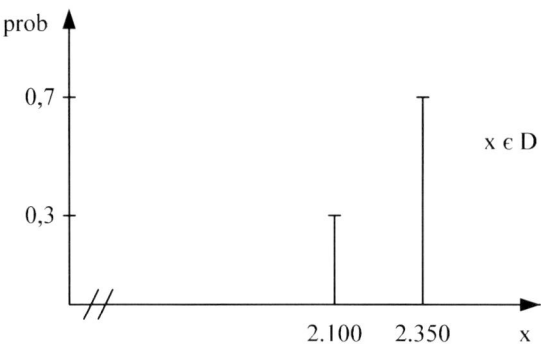

■ Eine Iteration für Maschine A

Für Maschine A ist der Kalkulationszins diskret verteilt, die Menge und der Deckungsbeitrag je Stück sind normalverteilt und der Verkaufserlös ist gleichverteilt. Alle anderen Variablen leiten sich aus den genannten ab. Folglich benötigt man für jede Iteration 1 + 12 + 12 + 1 = 26 Zufallszahlen. Die Tariferhöhung hängt positiv linear von dem Kalkulationszins ab. Die Menge korreliert gleich mit drei anderen Variablen. Die Instandhaltungsaufwendungen sind über eine Wurzelfunktion mit der Menge verbunden und die Personalaufwendungen sowie die Generalüberholung über eine Treppenfunktion.

Berücksichtigung von Risiko

2.4

Modellierung

- $T = 5$
- $AK = 100.000,00$
- $i \in D$ mit $\begin{cases} \text{prob}(0,08) = 0,05 \\ \text{prob}(0,09) = 0,10 \\ \text{prob}(0,10) = 0,25 \\ \text{prob}(0,11) = 0,45 \\ \text{prob}(0,12) = 0,15 \end{cases}$

- $i = \begin{cases} 0,08 \text{ falls zuf } \varepsilon \ [0; 0,05[\\ 0,09 \text{ falls zuf } \varepsilon \ [0,05; 0,15[\\ 0,10 \text{ falls zuf } \varepsilon \ [0,15; 0,40[\\ 0,11 \text{ falls zuf } \varepsilon \ [0,40; 0,85[\\ 0,12 \text{ falls zuf } \varepsilon \ [0,85;1] \end{cases}$

  - $p(q) = -0,08 + q$

- $x \in N(2.200; 220)$

  - $\text{Inst}(x) = \begin{cases} 4.000,00 \text{ für } x \ \varepsilon \ [880; 1.980[\\ -14.949,87 + 425,87 \cdot \sqrt{x} \text{ für } x \ \varepsilon \ [1.980; 2.420[\\ 6.000,00 \text{ für } x \ \varepsilon \ [2.420; 3.520] \end{cases}$

  - $\text{Perso}(x) = \begin{cases} 54.000,00 \text{ für } x \ \varepsilon \ [880; 1.540[\\ 58.000,00 \text{ für } x \ \varepsilon \ [1.540; 2.200[\\ 62.000,00 \text{ für } x \ \varepsilon \ [2.200; 2.860[\\ 66.000,00 \text{ für } x \ \varepsilon \ [2.860; 3.520] \end{cases}$

  - $\text{Gen}(x) = \begin{cases} 18.000,00 \text{ für } x \ \varepsilon \ [880; 2.400[\\ 25.000,00 \text{ für } x \ \varepsilon \ [2.400; 3.520] \end{cases}$

- $db \in N(48,00; 4,80)$
- $VK \in G(8.000,00; 12.000,00)$
- (Rate = 23.739,64 für ein eventuelles Darlehen)

Zufallszahlen

Für i					
0,549					
Für x					
0,921	0,182	0,277	0,722	0,576	0,932
0,282	0,367	0,125	0,792	0,883	0,625
Für db					
0,345	0,310	0,526	0,743	0,994	0,439
0,252	0,643	0,414	0,083	0,855	0,140
Für VK					
0,748					

Dynamische Investitionsrechnung

Werte für Variablen

- $i = 0{,}11$
  - $p(1{,}11) = 1.03 = -0{,}08 + 1{,}11$
- $x = 2.350{,}48$
  - $z = \Sigma\, 6{,}684 - 6 = 0{,}684$
  - $y = 0{,}684 \cdot 220 = 150{,}48$
  - $x = 2.200 + 150{,}48 = 2.350{,}48$
    - $\text{Perso}(2.350{,}48) = 62.000{,}00$
    - $\text{Inst}(2.350{,}48) = 5.697{,}05 = -14.949{,}87 + 425{,}87 \cdot \sqrt{2.350{,}48}$
    - $\text{Gen} = 18.000{,}00$
- $db = 46{,}77$
  - $z = \Sigma\, 5{,}744 - 6 = -0{,}256$
  - $y = -0{,}256 \cdot 4{,}80 = -1{,}23$
  - $db = 48{,}00 - 1{,}23 = 46{,}77$
- $VK = 10.992{,}00 = 8.000{,}00 + 0{,}748 \cdot (12.000{,}00 - 8.000{,}00)$

Kapitalwertberechnung

$$C_0 = -100.000{,}00 + \frac{46{,}77}{\text{KWF}(0{,}11;\,5)} \cdot 2.350{,}48 - \frac{62.000{,}00}{\text{KWFP}(0{,}11;\,5;\,1{,}03)}$$

$$- \frac{5.697{,}05}{\text{KWF}(0{,}11;\,5)} - \frac{18.000{,}00}{1{,}11^3} + \frac{10.992{,}00}{1{,}11^5}$$

$$+ \left(100.000{,}00 - \frac{23.739{,}64}{\text{KWF}(0{,}11;\,5)}\right)$$

$$C_0 = 36.782{,}10 + (12.260{,}74)$$

Aufbereitung der Daten und Interpretation

Angenommen es werden noch 19 weitere Iterationen durchgeführt.[43] Die ermittelten Kapitalwerte sind in Tabelle 2.24 der Reihe und der Größe nach sortiert aufgeführt.

---

[43] Aus Platzgründen beschränkt sich der Autor auf 20 Werte statt 10.000. Hier soll nur das Prinzip erklärt werden.

Tabelle 2.24: Kapitalwerte der Iteration

Iteration	Kapitalwert	Sortierte Kapitalwerte
1	36.782,10	- 139.824,54
2	31.621,40	- 53.821,15
3	- 139.824,54	- 6.389,40
4	55.109,22	7.429,30
5	46.242,80	18.992,14
6	25.633,80	21.180,74
7	39.425,85	25.633,80
8	69.828,40	26.142,50
9	7.429,30	28.532,20
10	98.461,10	31.621,40
11	- 6.389,40	36.782,10
12	26.142,50	39.425,85
13	186.118,98	46.242,80
14	18.992,14	55.109,22
15	21.180,74	69.828,40
16	- 53.821,15	81.732,51
17	134.562,36	98.461,10
18	283.018,96	134.562,36
19	81.732,51	186.118,98
20	28.532,20	283.018,96

Insgesamt ist eine Ballung der Kapitalwerte im Bereich von Euro 25.000,00 zu erkennen. Der Median beträgt Euro 34.201,75 = (31.621,40 + 36.782,10) / 2 und fällt aufgrund der Korrelationen geringer als der Planwert aus. Der positive Effekt einer größeren Menge wird durch die gleichfalls steigenden Personal- und Instandhaltungsaufwendungen wieder gebremst. Die extremen Kapitalwerte weichen nach oben stärker als nach unten ab. Der Grund hierfür ist die quadratische Verknüpfung von Menge und Deckungsbeitrag je Stück. Da 4 der 20 Werte negativ sind, kann man sagen, dass mit 16/20 = 80 %iger Wahrscheinlichkeit der Kapitalwert positiv sein wird. Oder es kann zum Beispiel die Aussage getroffen werden, dass der Kapitalwert mit 75 %iger Wahrscheinlichkeit nicht mehr als Euro 69.828,40 betragen wird. Aufgrund der geringen Anzahl der Iterationen sind die Sprünge zwischen den Kapitalwerten noch sehr groß. Bei den angestrebten 10.000 Iterationen fallen die Übergänge weicher aus.

Kapitalwert at Risk

Im Risikomanagement wird angestrebt, das Risiko für jede Investition in Euro auszudrücken. Da es keine 100 %ige Sicherheit geben kann, begnügt man sich mit einem zu definierenden Sicherheitsniveaus. Für die folgenden Ausführungen soll es 90 % betragen. Das heißt, die schlechtesten 10 Prozent der Kapitalwerte werden weggestrichen und als Ausreißer gewertet. Aus der Liste sind die Kapitalwerte in Höhe von Euro - 139.824,54 und Euro - 53.821,15 zu streichen. Der Median mit Euro 34.201,75 wird in 50 Prozent der Fälle unter- und in 50 Prozent der Fälle überschritten und in der Regel als Zielkapitalwert festgelegt. Risiko ist definiert als die negative Abweichung von dem Zielwert. Da der Kapitalwert von Euro - 6.389,40 mit 90%iger Wahrscheinlichkeit erreicht oder übertroffen wird, beträgt die maximale Abweichung des Kapitalwertes vom Zielkapitalwert mit einer ebenfalls 90%igen Wahrscheinlichkeit nicht mehr als Euro 40.591,15 = 34.201,75 - (- 6.389,40). Der Kapitalwert at Risk wird wie folgt definiert:

Der Kapitalwert at Risk ist die negative Abweichung von einem Zielkapitalwert, die mit einer vom Sicherheitsniveau abhängigen Wahrscheinlichkeit nicht übertroffen wird.

Abbildung 2.20: Kapitalwert at Risk

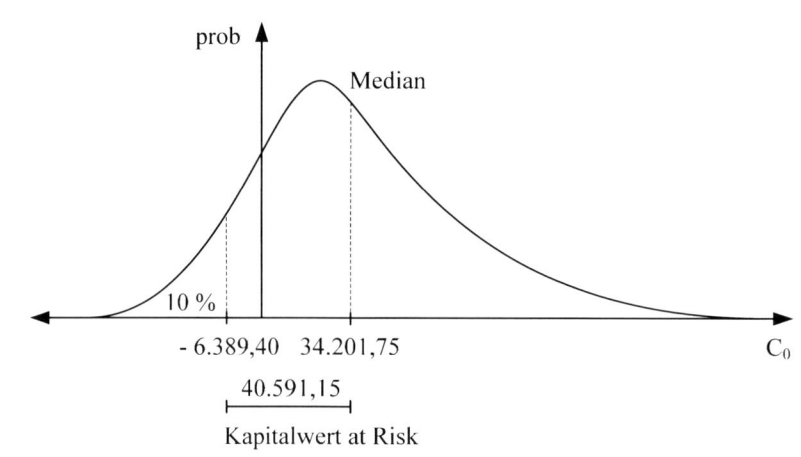

Wenn in der Liquiditätsplanung mit einem Wert von Euro 34.201,75 kalkuliert wird, müssen anfangs Liquiditätsreserven in Höhe von Euro 40.591,15 vorhanden sein, um eine Illiquiditätsgefahr mit 90 %iger Wahrscheinlichkeit auszuschließen. Für Maschine A ist der Kapitalwert at Risk in Abbildung 2.20 dargestellt. Aufgrund der rechtsseitigen Verteilung befindet sich der Median rechts von der Ballung der Kapitalwerte.

Zusammenfassend ist die Simulation das wertvollste Instrument zur Risikoquantifizierung einer Investition. Mit ihr werden Wahrscheinlichkeitsaussagen möglich und auch die so wichtigen Korrelationen zwischen den Variablen sind gut integrierbar. Weiterhin entfallen die Monotonieüberlegungen bezüglich der Kapitalwertfunktion in Abhängigkeit des Zinses, die bei allen drei anderen Verfahren angestellt werden mussten. Bei der Simulation wird einfach eine Verteilungsannahme für den Kalkulationszins getroffen und geschaut, was rauskommt. Allerdings muss auch gesehen werden, dass der Modellierungs- und Rechenaufwand hoch ist. Auch darf die scheinbare Genauigkeit der Ergebnisse nicht darüber hinwegtäuschen, dass ihre Güte von den Annahmen über Verteilungen und Korrelationen abhängt. Bezüglich des Kapitalwertes at Risk besteht die Schwierigkeit, das Sicherheitsniveau festzulegen. Dieses hat großen Einfluss auf die Höhe des Kapitalwertes at Risk. Eine Erhöhung auf 95 Prozent hätte einen Anstieg um Euro 47.431,75 = 53.821,15 – 6.389,40 zur Folge.

2.4.6 Zusammenfassung

In den Tabellen 2.25 bis 2.27 werden die Ideen, die Berechnungen sowie die kritischen Bewertungen der verschiedenen Instrumente zur Quantifizierung des Risikos zusammengestellt:

Tabelle 2.25: *Pauschale Ansätze*

Risikoaufschlag	
Idee	– Entgelt für Risikoübernahme
	– Kapitalwert wird stärker abgezinst
Berechnung	– i = Risikoloser Zins plus Aufschlag
Bewertung	– Für Vielzahl von Investitionen sinnvoll
	– Für Einzelinvestitionen wenig hilfreich
	– Einfache Durchführung
	– Keine Lokalisierung von Risiken
Amortisationszeit	
Idee	– Frühe Rückflüsse sind sicherer
Berechnung	– $C_{0\,t} \geq 0$
Bewertung	– Einfache Durchführung
	– Keine Lokalisierung von Risiken
	– Darlehen nicht integrierbar

2 Dynamische Investitionsrechnung

Tabelle 2.26: Univariable Ansätze

Kapitalwertfunktionen

Kalkulationszins

$$C_0(i) = -z_0 + \frac{z_1}{q^1} + \ldots + \frac{z_T}{q^T}$$

Menge

$$C_0(x) = -\text{Konstante} + \frac{db}{KWF} \cdot x \qquad \text{linear steigend}$$

Deckungsbeitrag

$$C_0(db) = -\text{Konstante} + \frac{x}{KWF} \cdot db \qquad \text{linear steigend}$$

Personalaufwand

$$C_0(\text{Perso}) = \text{Konstante} - \frac{1}{KWFP} \cdot \text{Perso} \qquad \text{linear fallend}$$

Tariferhöhung

$$C_0(p) = \text{Konstante} - \frac{\text{Perso}}{KWFP(p)} \qquad \text{nicht linear fallend}$$

Instandhaltung

$$C_0(\text{Inst}) = \text{Konstante} - \frac{1}{KWF} \cdot \text{Inst} \qquad \text{linear fallend}$$

Generalüberholung

$$C_0(\text{Gen}) = \text{Konstante} - \frac{1}{q^t} \cdot \text{Gen} \qquad \text{linear fallend}$$

Verkaufserlös

$$C_0(VK) = \text{Konstante} + \frac{1}{q^T} \cdot VK \qquad \text{linear steigend}$$

Kapitalwertfunktionen müssen streng monoton sein.

Sensitivitätsanalyse

Idee	– Empfindlichkeit des Kapitalwertes testen
Berechnung	– $C_0(x-10\%)$, $C_0(x)$, $C_0(x+10\%)$
Bewertung	– Spannweite der Variablen realistisch wählen
	– Finanzierungseffekt außer bei $C_0(i)$ konstant und positiv
	– $C_0(i)$ mit Darlehen ist nicht mit Sicherheit streng monoton, wenn mehrere Vorzeichenwechsel vorliegen
	– Finanzierungseffekt bei $C_0(i)$ gegenläufig zur Investition, er steigt mit steigendem Zins
	– Vernachlässigung der Korrelationen zwischen den Variablen

Berücksichtigung von Risiko 2.4

Break-even-Analyse	
Idee	– Gezielte Suche nach zum Beispiel Mindestabsatzmenge
Berechnung	– $C_0(x) = 0$
Bewertung	– Logische Fortsetzung der Ergebnisse der Sensitivitätsanalyse – Mit Darlehensfinanzierung sind die Ergebnisse besser als ohne – Break-even-Zins bei $C_0(i)$ mit Darlehen gibt es nicht, da $z_0 = 0$ – Vernachlässigung der Korrelationen zwischen den Variablen

Tabelle 2.27: Multivariable Ansätze

Dreifachrechnung	
Idee	– Optimistischer, wahrscheinlicher, pessimistischer Fall
Berechnung	– $C_0(x^+, \ldots)$, $C_0(x, \ldots)$, $C_0(x^-, \ldots)$
Bewertung	– Optimistischer und pessimistischer Fall sehr unwahrscheinlich – Typisches Ergebnis: Ein sehr hoher und ein negativer Wert – Vernachlässigung der Korrelationen zwischen den Variablen – Kalkulationszins wird ausgeklammert, da im pessimistischen Fall in der Regel keine Normalinvestition vorliegt
Simulation	
Idee	Wahrscheinlichkeitsaussagen über Kapitalwert
Berechnung	

Wahrscheinlichkeitsverteilungen für die Variablen

- $x \in G(lb; ub)$

    1 zuf

    $x = lb + zuf \cdot (ub - lb)$

- $x \in N(\mu; \sigma)$

    12 zuf

    $z = \Sigma\, zuf - 6$

    $y = z \cdot \sigma$

    $x = \mu + y$

- $x \in D$ mit $\begin{cases} prob(x_1) = \text{Wert} \\ prob(x_2) = 1 - \text{Wert} \end{cases}$

2 Dynamische Investitionsrechnung

1 zuf

$$x = \begin{cases} x_1 \text{ falls zuf } \varepsilon \text{ [0; Wert[} \\ x_2 \text{ falls zuf } \varepsilon \text{ [Wert; 1]} \end{cases}$$

Korrelationen

- $f(x) = \underline{a} + b \cdot x$ **Lineare Funktion**
- $f(x) = \underline{a} + b \cdot \sqrt{x}$ **Wurzelfunktion**
- $f(x) = \begin{cases} \text{Wert 1 für } x \, \varepsilon \, [\quad[\\ \text{Wert 2 für } x \, \varepsilon \, [\quad[\\ \text{Wert 3 für } x \, \varepsilon \, [\quad] \end{cases}$ **Treppenfunktion**

Ablauf

- Modellierung
- 10.000 Iterationen
- Kapitalwerte sortieren
- Wahrscheinlichkeitsaussagen treffen

Kapitalwert at Risk

- Risiko ist die negative Abweichung von einem Zielkapitalwert
- Häufig wird der Median als Zielkapitalwert festgelegt
- In Abhängigkeit vom Sicherheitsniveau werden die schlechtesten Kapitalwerte gestrichen
- Die Differenz vom schlechtesten nicht gestrichenen Kapitalwert bis zum Median ist der Kapitalwert at Risk
- **Der Kapitalwert at Risk ist die negative Abweichung von einem Zielkapitalwert, die mit einer vom Sicherheitsniveau abhängigen Wahrscheinlichkeit nicht übertroffen wird**

Bewertung

- Aufwendige Modellierung und hoher Rechenaufwand
- Keine lästigen Monotonieüberlegungen wie bei den univariablen Ansätzen oder auch bei der Dreifachrechnung nötig
- Korrelationen können leicht abgebildet werden
- Allein die Diskussion über Korrelationen schafft Erkenntnisgewinn im Betrieb
- Scheinbare Genauigkeit: Die Güte der Wahrscheinlichkeitsaussagen steigt und fällt mit der Güte der Verteilungsannahmen und Korrelationen der Variablen
- Sicherheitsniveau kann sehr großen Einfluss auf den Kapitalwert at Risk haben, ist aber schwierig festzulegen

2.5 Kapitalwertmethode mit Berücksichtigung von Steuern

2.5.1 Ableitung eines Steuersatzes

Bei der Berücksichtigung von Steuern geht es für Kapitalgesellschaften um die Körperschaftssteuer (KSt), den Solidaritätszuschlag (Soli) sowie die Gewerbesteuer (GSt) und für Personengesellschaften um die Einkommensteuer (ESt), den Soli sowie die Gewerbesteuer. In diesem Abschnitt soll die Berechnung der Steuern mit dem Ziel der Ableitung eines Steuersatzes für die Kapitalwertberechnung dargestellt werden. Dabei beschränkt sich der Autor auf thesaurierte Gewinne. Die Bemessungsgrundlage für die Gewerbesteuer unterscheidet sich durch Hinzurechnungen zum Gewinn von der Bemessungsgrundlage der KSt und der ESt. Weiterhin kann der von der jeweiligen Gemeinde festgelegte Hebesatz für die Gewerbesteuer sehr unterschiedlich ausfallen. Ziel der Unternehmenssteuerreform war es, ab 2008 eine steuerliche Gesamtbelastung von 30 % für beide Rechtsformen zu erreichen. In den Tabellen 2.28 und 2.29 werden anhand eines Zahlenbeispiels die Bemessungsgrundlagen für die Steuern erläutert.

Tabelle 2.28: Gewinn und Gewerbeertrag

	Umsatz	16.000.000,00
−	Materialaufwand	14.000.000,00
−	Personalaufwand	830.000,00
−	Instandhaltung	70.000,00
−	Generalüberholung	0,00
−	Abschreibung	100.000,00
+/−	Bucherfolg aus Anlageverkauf	0,00
−	Zinsen Kontokorrentkredit	120.000,00
−	Zinsen Darlehen	40.000,00
−	Miete, Pacht, Leasing (beweglich)	50.000,00
−	Miete, Pacht, Leasing (unbeweglich)	20.000,00
−	Rechte, Lizenzen	0,00
=	Gewinn	770.000,00
+	Hinzurechnungen	20.750,00
=	Gewerbeertrag	790.750,00

Dynamische Investitionsrechnung

Tabelle 2.29: Hinzurechnungen

	100 % Zinsen Kontokorrentkredit	120.000,00
+	100 % Zinsen Darlehen	40.000,00
+	20 % Miete, Pacht, Leasing (beweglich)	10.000,00
+	65 % Miete, Pacht, Leasing (unbeweglich)	13.000,00
+	25 % Rechte und Lizenzen	0,00
=	Summe	183.000,00
-	100.00,00 Freibetrag	100.000,00
=	Restbetrag	83.000,00
	25 % vom Restbetrag	20.750,00

Die für dieses Buch relevanten Hinzurechnungen sind in § 8 (1) Gewerbesteuergesetz geregelt. Falls der Freibetrag von Euro 100.000,00 nicht überschritten wird, fallen Gewinn und Gewerbeertrag zusammen, ansonsten werden 25 % vom darüber hinausgehenden Betrag dem Gewinn hinzugerechnet. In Tabelle 2.30 wird die steuerliche Gesamtbelastung für Kapitalgesellschaften und in Tabelle 2.31 für Personengesellschaften ermittelt.

Tabelle 2.30: Gesamtsteuerlast für Kapitalgesellschaften

	15 % KSt auf Gewinn	115.500,00	= 770.000,00 · 0,15
+	5,5 % Soli auf KSt	6.352,50	= 115.500,00 · 0,055
+	3,5 % mal Hebesatz auf Gewerbeertrag	110.705,00	= 790.750,00 · 0,035 · 4,00
=	Gesamtsteuerlast	232.557,50	

In dem Beispiel beträgt der Hebesatz 400 % und ist damit relativ hoch. Es gibt Gemeinden, die zur Anlockung von Gewerbebetrieben ihren Hebesatz auf lediglich 250 % festlegen.

Tabelle 2.31: Gesamtsteuerlast für Personengesellschaften

	28,25 % ESt auf Gewinn	217.525,00	= 770.000,00 · 0,2825
+	5,5 % Soli auf ESt	11.963,88	= 217.525,00 · 0,055
+	3,5 % mal (Hebesatz − 3,8) auf (Gewerbeertrag − 24.500,00 Freibetrag)	5.363,75	= (790.750,00 − 24.500,00) · 0,035 · (4,00 − 3,80)
=	Gesamtsteuerlast	234.852,63	

2.5 Kapitalwertmethode mit Berücksichtigung von Steuern

Die Einkommensteuer erscheint sehr hoch. Das wird aber dadurch ausgeglichen, dass die Einkommensteuer auf die Gewerbesteuer angerechnet wird. Zunächst ist der Gewerbeertrag um einen Freibetrag von Euro 24.500,00 zu kürzen. Der verbleibende Betrag wird mit 3,5 % und dem beispielhaften Hebesatz von 400 % multipliziert. Von diesem Ergebnis muss das Produkt aus dem Gewerbeertrag, den 3,5 % und einem in § 35 EStG vorgegebenen Anrechnungsfaktor von 380 % abgezogen werden. Wenn wie im Beispiel der Hebesatz größer als 380 % ist, resultiert eine Erhöhung der Steuerlast, andernfalls eine Senkung.

Bezieht man die Gesamtsteuerbelastung auf den Gewinn, ergibt sich für beide Rechtsformen ein annähernd gleicher Steuersatz:

$$30{,}20\ \% = 232.557{,}50 / 770.000{,}00 \text{ (Kapitalgesellschaften)}$$

$$30{,}50\ \% = 234.852{,}63 / 770.000{,}00 \text{ (Personengesellschaften)}$$

Nun ist dies nur ein Beispiel und die Ergebnisse können nicht verallgemeinert werden. Vielmehr stellt sich jedes Unternehmen als Einzelfall dar, für das der Steuersatz individuell festgelegt werden muss.

Ein weiteres Problem ergibt sich, wenn man die Steuerwirksamkeit von den Erfolgskomponenten für die Kapitalwertformel separieren möchte. Für Umsätze und nicht von den Hinzurechnungen betroffenen Aufwendungen ist für **Kapitalgesellschaften** der Körperschaftssteuersatz inklusive des Solidaritätszuschlages einfach zum Gewerbesteuersatz zu addieren. Das heißt, für eine Kapitalgesellschaft lässt sich der Prozentsatz für die Steuerschuld bzw. die Steuerersparnis durch diese Erfolge bei einem beispielhaften Hebesatz von 400 % wie folgt berechnen:

$$29{,}825\ \% = 15\ \% \cdot 1{,}055 + 3{,}5\ \% \cdot 400\ \%$$

Oben hatten wir gesehen, dass die Gesamtsteuerlast aber höher als 29,825 % sein kann. Das liegt daran, dass durch die Hinzurechnungen zur Bemessungsgrundlage der Gewerbesteuer die betroffenen Aufwendungen nur zum Teil steuerlich anerkannt werden, sodass bezogen auf den Gewinn der Prozentsatz für die Gesamtsteuerlast steigt. Unter der Annahme, dass bei den Hinzurechnungen für den Gewerbeertrag der Freibetrag von Euro 100.000,00 ausgeschöpft ist, werden für Zinsen durch die 100 %ige Hinzurechnung und die Einbeziehung von 25 % letztendlich nur 75 % des Aufwandes geltend gemacht.

$$26{,}325\ \% = 15\ \% \cdot 1{,}055 + 3{,}5\ \% \cdot 400\ \% \cdot 75\ \%$$

Wenn der Freibetrag nicht ausgeschöpft ist, gibt es keine Hinzurechnungen bzw. die Steuerersparnis für den Zinsaufwand beträgt wieder 29,825 %. In Abhängigkeit von der Ausschöpfung des Freibetrages liegt der Prozentsatz im Intervall von 26,325 % und 29,825 %. Will man im Grenzfall auf der sicheren Seite sein, kalkuliert man mit 26,325 %, da ein niedriger Prozentsatz zu einer geringeren Steuerersparnis und somit zu einem kleineren Kapitalwert führt. Ähnliche Überlegungen lassen sich für die übrigen von den Hinzurechnungen betroffenen Aufwendungen machen. Allerdings fallen die Prozentsätze bei ausgeschöpftem Freibetrag hier höher aus, weil die Aufwendungen nur teilweise hinzugerechnet werden.

Miete, Pacht, Leasing (beweglich)

$$29{,}125\ \% = 15\ \% \cdot 1{,}055 + 3{,}5\ \% \cdot 400\ \% \cdot (80\ \% + 20\ \% \cdot 75\ \%)$$

Miete, Pacht, Leasing (unbeweglich)

$$27{,}55\ \% = 15\ \% \cdot 1{,}055 + 3{,}5\ \% \cdot 400\ \% \cdot (35\ \% + 65\ \% \cdot 75\ \%)$$

Rechte und Lizenzen

$$28{,}95\ \% = 15\ \% \cdot 1{,}055 + 3{,}5\ \% \cdot 400\ \% \cdot (75\ \% + 25\ \% \cdot 75\ \%)$$

Für **Personengesellschaften** ist eine Separierung noch komplizierter. Die Berücksichtigung des Grundfreibetrages von Euro 24.500,00 für die Gewerbesteuer und die Anrechnung der Einkommensteuer auf die Gewerbesteuer erschweren analoge Überlegungen zu oben ganz erheblich.

Für diesen Abschnitt soll folgende vereinfachende Annahme für den Steuersatz getroffen werden:

Der Steuersatz beträgt für beide Rechtsformen und für alle Erfolge im einzelnen 30 %.

2.5.2 Zahlungsreihe und Kapitalwertformel

Durch die Berücksichtigung von Steuern ändern sich drei Dinge:

- **Die zahlungswirksamen Erfolge sind um den Steuersatz zu kürzen.**
- **Die steuerlichen Auswirkungen der nicht zahlungswirksamen Abschreibungen und des nicht zahlungswirksamen Bucherfolges aus dem Anlageverkauf müssen erfasst werden.**
- **Der Kalkulationszins ist bei Fremdfinanzierung um den Steuersatz zu reduzieren.**

Folgende Symbole werden eingeführt:

- AfA = Absetzung für Abnutzung (Abschreibung)
- BE = Bucherfolg
- BG = Buchgewinn
- BV = Buchverlust
- CF = CashFlow
- EBIT = Earnings Before Interest and Taxes
- i_{KK} = Zinssatz für Kontokorrentkredit
- NOPAT = Net Operating Profit After Tax
- s = Steuersatz
- RBW = Restbuchwert

2.5 Kapitalwertmethode mit Berücksichtigung von Steuern

Die Kapitalwertformel unter Berücksichtigung von Steuern lautet:

$$C_0 = -AK + \frac{db \cdot (1-s)}{KWF} \cdot x - \frac{\text{Regelmäßige zw. Aufwendungen} \cdot (1-s)}{KWF/KWFP}$$

$$- \frac{\text{Unregelmäßiger zw. Aufwand} \cdot (1-s)}{q^t} + \frac{AfA \cdot s}{KWF}$$

$$+ \frac{VK}{q^T} \pm \frac{BE \cdot s}{q^T} \quad \textbf{Kapitalwertformel mit Steuern}$$

Durch die Multiplikation des Deckungsbeitrages mit (1 − s) wird die Steuerschuld abgezogen. Die zahlungswirksamen Aufwendungen wie Personalaufwand, Instandhaltung und die Generalüberholung werden auch mit (1 − s) multipliziert, um die Steuerersparnis zu addieren.

Die Abschreibungen sind nicht zahlungswirksam. Somit wird nur die Steuerersparnis in einem Extraterm erfasst. Dabei wird von einer linearen Abschreibung ausgegangen und folglich durch KWF geteilt. Der ebenfalls nicht zahlungswirksame Bucherfolg aus dem Verkauf der Maschine am Laufzeitende errechnet sich aus der Differenz von Verkaufserlös und Restbuchwert. Ist der Verkaufserlös größer als der Restbuchwert, ergibt sich ein Buchgewinn verbunden mit einer Steuerschuld als Auszahlung in Höhe von BG · s. Im anderen Fall resultiert ein Buchverlust verbunden mit einer Steuerersparnis als Einzahlung in Höhe von BV · s.

Der Kalkulationszins ist bei einer Finanzierung durch einen Kontokorrentkredit um den Steuersatz zu reduzieren. Wenn man der Bank Zinsen in Höhe von 10 % zahlt, bekommt man 30 % davon in Form einer Steuerersparnis vom Finanzamt wieder und hat letztendlich nur 7 % Zinsen nach Steuern gezahlt. Also kann man auch gleich mit 7 % kalkulieren. Das „ i " bleibt weiter als Symbol für den Kalkulationszins gültig.

$$i = i_{KK} \cdot (1-s)$$

Bei der Eigenfinanzierung ist das nicht so einfach. Einerseits sind Eigenkapitalkosten kein steuerwirksamer Aufwand. Zinsaufwendungen für Fremdkapital schmälern die Bemessungsgrundlage für die Steuern, hingegen wird die Dividende aus dem bereits versteuerten Gewinn gezahlt. Demnach darf der Kalkulationszins nicht um den Steuersatz gekürzt werden. Andererseits haben wir den Kalkulationszins als abstrakten Mindestverzinsungsanspruch definiert. Hätte man das Geld zum Vergleich anderen Anlageformen zugeführt, wären auch Steuern fällig geworden. Somit muss der Kalkulationszins bei der Eigenfinanzierung um den Steuersatz reduziert werden.

Insgesamt resultieren aus der Berücksichtigung von Steuern gegensätzliche Effekte in Bezug auf die Höhe des Kapitalwertes. Zum einen verringert sich der Kapitalwert durch die um Steuern geminderten CF's. Zum anderen wirken sich die Steuerersparnis der Abschreibungen und die Senkung des Kalkulationszinses erhöhend auf den Kapitalwert aus. In der Regel überwiegt der erste Effekt und der Kapitalwert fällt insgesamt kleiner aus.

Dynamische Investitionsrechnung

Maschine A

- $i_{KK} = 0{,}1$ ($i_D = 0{,}06$)
- $T = 5$
- $s = 30\ \%$
- $x = 2.200$ ME pro Jahr

db je ME	Euro	48,00
AK Beginn 1. Jahr	Euro	100.000,00
VK Ende 5. Jahr	Euro	10.000,00
AfA pro Jahr	Euro	20.000,00
Perso pro Jahr nachschüssig mit 2 % Steigerung	Euro	60.000,00
Inst pro Jahr nachschüssig	Euro	5.000,00
Gen Ende 3. Jahr	Euro	20.000,00

Für Maschine A wird der Kontokorrentkreditzins um 30 % gekürzt, um den Kalkulationszins zu erhalten.

$$i = 0{,}07 = 0{,}1 \cdot (1 - 0{,}3)$$

Weiterhin ist die Abschreibung linear mit einem jährlichen Betrag von Euro 20.000,00. Da die Maschine zum Verkaufszeitpunkt einen Restbuchwert von Null hat, ist der Buchgewinn gleich dem Verkaufserlös. Der Kapitalwert wird wie folgt ermittelt:

$$C_0 = -\,AK + \frac{db \cdot (1-s)}{KWF} \cdot x - \frac{Perso \cdot (1-s)}{KWFP} - \frac{Inst \cdot (1-s)}{KWF}$$

$$-\,\frac{Gen \cdot (1-s)}{q^t} + \frac{AfA \cdot s}{KWF} + \frac{VK}{q^T} - \frac{BG \cdot s}{q^T}$$

$$C_0 = -\,100.000{,}00 + \frac{48{,}00 \cdot 0{,}7}{KWF\,(0{,}07;\,5)} \cdot 2.200 - \frac{60.000{,}00 \cdot 0{,}7}{KWFP\,(0{,}07;\,5;\,1{,}02)}$$

$$-\,\frac{5.000{,}00 \cdot 0{,}7}{KWF\,(0{,}07;\,5)} - \frac{20.000{,}00 \cdot 0{,}7}{1{,}07^3} + \frac{20.000{,}00 \cdot 0{,}3}{KWF\,(0{,}07;\,5)}$$

$$+\,\frac{10.000{,}00}{1{,}07^5} - \frac{10.000{,}00 \cdot 0{,}3}{1{,}07^5}$$

$$C_0 = 28.143{,}08$$

Der Kapitalwert ist gegenüber dem Wert ohne Berücksichtigung von Steuern deutlich gesunken. Die Differenz beträgt Euro 8.553,47, das entspricht einer prozentualen Senkung von 23,31 %.

Kapitalwertmethode mit Berücksichtigung von Steuern

Zinst man die Zahlungsreihe ab, kommt man zum selben Ergebnis. In Tabelle 2.32 wird die Zahlungsreihe ermittelt. Dabei fließen die nicht zahlungswirksamen Abschreibungen und der nicht zahlungswirksame Buchgewinn in die Bemessungsgrundlage für den Gewinn ein. Anschließend werden die Abschreibungen wieder addiert und der Buchgewinn wird abgezogen.

$$C_0 = -100.000,00 + \frac{34.420,00}{1,07^1} + \frac{33.580,00}{1,07^2} + \frac{18.723,20}{1,07^3}$$
$$+ \frac{31.849,26}{1,07^4} + \frac{37.957,85}{1,07^5}$$

$$C_0 = 28.143,08$$

Tabelle 2.32: Zahlungsreihe mit Steuern

Zeitpunkt	t = 0	t = 1	t = 2	t = 3	t = 4	t = 5
AK	100.000,00					
db · x		105.600,00	105.600,00	105.600,00	105.600,00	105.600,00
Perso		60.000,00	61.200,00	62.424,00	63.672,48	64.945,93
Inst		5.000,00	5.000,00	5.000,00	5.000,00	5.000,00
Gen				20.000,00		
AfA		20.000,00	20.000,00	20.000,00	20.000,00	20.000,00
BG						10.000,00
EBIT		20.600,00	19.400,00	- 1.824,00	16.927,52	25.654,07
30 %		6.180,00	5.820,00	547,20	5.078,26	7.696,22
NOPAT		14.420,00	13.580,00	- 1.276,80	11.849,26	17.957,85
AfA		20.000,00	20.000,00	20.000,00	20.000,00	20.000,00
BG						10.000,00
CF		34.420,00	33.580,00	18.723,20	31.849,26	27.957,85
VK						10.000,00
Zahlungsreihe	- 100.000,00	34.420,00	33.580,00	18.723,20	31.849,26	37.957,85

2.5.3 Kapitalwertberechnung mit Darlehensfinanzierung

Wie in Abschnitt 2.2.4 wird für Maschine A wieder ein Annuitätendarlehen in Höhe von Euro 100.000,00, einer Laufzeit von fünf Jahren und einem Zins von 6 % aufgenommen. Die Darlehensrate beträgt Euro 23.739,64. Für die Ermittlung des Finanzierungseffektes unter Berücksichtigung von Steuern reicht es nicht aus, die Darlehensrate mit dem Kalkulationszins abzuzinsen und der Darlehensauszahlung gegenüberzustellen, weil in den Raten steuerwirksame Zinsaufwendungen enthalten sind, die zudem in ihrer Höhe variieren. Tabelle 2.33 zeigt den Zins- und Tilgungsplan für das Darlehen. Zur Ermittlung der Steuerersparnis durch die Darlehenszinsen könnte man sie einzeln abzinsen, aufaddieren und mit dem Steuersatz s multiplizieren. Bei längeren Laufzeiten ist das aber sehr mühsam. Eine bessere Möglichkeit bietet sich, indem man den Kapitalwert der Tilgung vom Kapitalwert der Darlehensrate abzieht. Dazu ist die Tilgung mit dem KWFP mit $p = 1 + i_D$ abzuzinsen. Die Anfangstilgung ergibt sich aus der Differenz der Rate und dem Produkt aus Darlehenshöhe und Darlehenszins.

Tabelle 2.33: Zins- und Tilgungsplan

Periode	Anfangskapital	Zinsen	Tilgung	Annuität	Endkapital
1	100.000,00	6.000,00	17.739,64	23.739,64	82.260,36
2	82.260,36	4.935,62	18.804,02	23.739,64	63.456,34
3	63.456,34	3.807,38	19.932,26	23.739,64	43.524,08
4	43.524,08	2.611,44	21.128,20	23.739,64	22.395,88
5	22.395,88	1.343,75	22.395,89	23.739,64	- 0,01

Die Kapitalwertformel lautet:

$$C_0 = -AK + \frac{db \cdot (1-s)}{KWF} \cdot x - \frac{\text{Regelmäßige zw. Aufwendungen} \cdot (1-s)}{KWF/KWFP}$$

$$- \frac{\text{Unregelmäßiger zw. Aufwand} \cdot (1-s)}{q^t} + \frac{AfA \cdot s}{KWF}$$

$$+ \frac{VK}{q^T} \pm \frac{BE \cdot s}{q^T} + \left(Darl - \frac{Rate}{KWF}\right)$$

$$+ s \cdot \left(\frac{Rate}{KWF} - \frac{\text{Anfangstilgung}}{KWFP\,(p = 1 + i_D)}\right) \quad \begin{array}{l}\textbf{Kapitalwertformel}\\ \textbf{mit Darlehen und Steuern}\end{array}$$

mit

Anfangstilgung = Rate − Darl · i_D

2.5 Kapitalwertmethode mit Berücksichtigung von Steuern

Ausgehend von dem Ergebnis für den Kapitalwert ohne Darlehen in Höhe von Euro 28.143,08 ist untenstehend der Finanzierungseffekt ergänzt. Der Kapitalwert verbessert sich um Euro 7.455,81 auf Euro 35.598,89.

$$C_0 = 28.143,08 + \left(100.000,00 - \frac{23.739,64}{\text{KWF}(0,07;5)}\right)$$

$$+ 0,3 \cdot \left(\frac{23.739,64}{\text{KWF}(0,07;5)} - \frac{17.739,64}{\text{KWFP}(0,07;5;1,06)}\right)$$

$$C_0 = 28.143,08 + 7.455,81$$

$$C_0 = 35.598,89$$

Auch über die Zahlungsreihe lässt sich der Kapitalwert ermitteln. In Tabelle 2.34 werden die Darlehenszinsen vom EBIT abgezogen und davon die Steuern berechnet. Nachdem die nicht zahlungswirksamen Abschreibungen wieder addiert und der Buchgewinn subtrahiert worden sind, müssen neben dem Verkaufserlös als Einzahlung noch die Tilgungen als Auszahlungen berücksichtigt werden.

Tabelle 2.34: Zahlungsreihe mit Darlehen und Steuern

Zeitpunkt	t = 0	t = 1	t = 2	t = 3	t = 4	t = 5
EBIT		20.600,00	19.400,00	- 1.824,00	16.927,52	25.654,07
Darlzinsen		6.000,00	4.935,62	3.807,38	2.611,44	1.343,75
Ergebnis		14.600,00	14.464,38	- 5.631,38	14.316,08	24.310,32
30 %		4.380,00	4.339,31	1.689,41	4.294,82	7.293,10
Ergebnis		10.220,00	10.125,07	- 3.941,97	10.021,26	17.017,22
AfA		20.000,00	20.000,00	20.000,00	20.000,00	20.000,00
BG						10.000,00
CF		30.220,00	30.125,07	16.058,03	30.021,26	27.017,22
VK						10.000,00
Tilgung		17.739,64	18.804,02	19.932,26	21.128,20	22.395,89
Zahlungsreihe	0,00	12.480,36	11.321,05	- 3.874,23	8.893,06	14.621,33

$$C_0 = 0,00 + \frac{12.480,36}{1,07^1} + \frac{11.321,05}{1,07^2} - \frac{3.874,23}{1,07^3} + \frac{8.893,06}{1,07^4} + \frac{14.621,33}{1,07^5}$$

$$C_0 = 35.598,88$$

2.5.4 Vorteilhaftigkeit mit Break-even-Menge

Analog zu dem Vorgehen in 2.2.5 werden alle Terme der Kapitalwertformel, in denen kein x vorkommt, zu einer Konstanten zusammengefasst. Die Kapitalwertfunktion in Abhängigkeit von der Menge ist wieder eine lineare Funktion.

$$C_0(x) = - \text{Konstante} + \frac{db \cdot (1-s)}{\text{KWF}} \cdot x \quad \text{\textbf{Kapitalwertfunktion in Abhängigkeit von der Menge x}}$$

mit

$$\text{Konstante} = - AK - \frac{\text{Regelmäßige zw. Aufwendungen} \cdot (1-s)}{\text{KWF/ KWFP}}$$

$$- \frac{\text{Unregelmäßiger zw. Aufwand} \cdot (1-s)}{q^t} + \frac{\text{AfA} \cdot s}{\text{KWF}}$$

$$+ \frac{VK}{q^T} \pm \frac{BE \cdot s}{q^T} + \left(\text{Darl} - \frac{\text{Rate}}{\text{KWF}}\right)$$

$$+ s \cdot \left(\frac{\text{Rate}}{\text{KWF}} - \frac{\text{Anfangstilgung}}{\text{KWFP} (p = 1 + i_D)}\right)$$

Die Anschaffungsauszahlung AK und das Darlehen Darl heben sich auf und könnten weggelassen werden. Die beiden Terme in Klammern am Ende der Formel beziehen sich auf eine Darlehensfinanzierung. Für Maschine A wird die Kapitalwertfunktion ohne und in Klammern dahinter mit Darlehensfinanzierung aufgestellt und jeweils die Break-even-Menge berechnet.

$$C_0(x) = -274.943{,}51 + \frac{48{,}00 \cdot 0{,}7}{\text{KWF}(0{,}07; 5)} \cdot x + (7.455{,}81)$$

$$C_0(x) = 0$$

$$x = 1.995{,}72 \ (1.941{,}60)$$

In Tabelle 2.35 werden die Ergebnisse mit denen aus Abschnitt 2.2.5 ohne Berücksichtigung von Steuern verglichen. Die Kapitalwerte differieren deutlich, allerdings sind die Break-even-Mengen nahezu identisch.

Tabelle 2.35: *Vergleich mit und ohne Steuern*

	Ohne Steuern		Mit Steuern	
	Ohne Darlehen	Mit Darlehen	Ohne Darlehen	Mit Darlehen
Kapitalwert	36.696,55	(46.704,64)	28.143,08	(35.598,89)
Break-even-Menge	1.998,32	(1.943,32)	1.995,72	(1.941,60)

2.5.5 Auswahlproblem mit Indifferenzmenge

Der Steuersatz für die Maschinen B und C beträgt 30 %. Die Angaben sind um die jährlichen Abschreibungsbeträge ergänzt. Nach der Ermittlung des Kalkulationszinses werden die jeweiligen Kapitalwertfunktionen aufgestellt, um die Kapitalwerte für die Planmenge und die Break-even-Mengen zu berechnen. Die Werte in Klammern beziehen sich auf die Inanspruchnahme eines Darlehens mit einem Zins von 5 % und einer Laufzeit von 10 Jahren in Höhe der jeweiligen Anschaffungsauszahlung. Für Maschine B ergibt sich eine Darlehensrate von Euro 103.603,66 mit einer Anfangstilgung von Euro 63.603,66 und für Maschine C eine Darlehensrate von Euro 194.256,87 mit einer Anfangstilgung von Euro 119.256,87.

Maschine B und C

- $i_{KK} = 0{,}08$ ($i_D = 0{,}05$)
- $T = 10$
- $s = 30\ \%$
- $x = 5.000$ ME pro Jahr

	Maschine B	Maschine C
db je ME	Euro 60,00	Euro 70,00
AK Beginn 1. Jahr	Euro 800.000,00	Euro 1.500.000,00
VK Ende 10. Jahr	Euro 50.000,00	Euro 80.000,00
AfA pro Jahr	Euro 80.000,00	Euro 150.000,00
Perso pro Jahr nachschüssig mit 2 % Steigerung	Euro 60.000,00	Euro 40.000,00
Inst pro Jahr nachschüssig	Euro 20.000,00	Euro 12.000,00
Gen Ende 5. Jahr	Euro 140.000,00	Euro 90.000,00

$$i = 0{,}056 = 0{,}08 \cdot (1 - 0{,}3)$$

Maschine B

Kapitalwertfunktion

$$C_0(x) = -800.000{,}00 + \frac{60{,}00 \cdot 0{,}7}{KWF(0{,}056;\ 10)} \cdot x - \frac{60.000{,}00 \cdot 0{,}7}{KWFP(0{,}056;\ 10;\ 1{,}02)}$$

$$- \frac{20.000{,}00 \cdot 0{,}7}{KWF(0{,}056;\ 10)} - \frac{140.000{,}00 \cdot 0{,}7}{1{,}056^5} + \frac{80.000{,}00 \cdot 0{,}3}{KWF(0{,}056;\ 10)}$$

$$+ \frac{50.000{,}00}{1{,}056^{10}} - \frac{50.000{,}00 \cdot 0{,}3}{1{,}056^{10}} + \left(800.000{,}00 - \frac{103.603{,}66}{KWF(0{,}056;\ 10)} \right)$$

$$+ 0{,}3 \cdot \left(\frac{103.603{,}66}{KWF(0{,}056;\ 10)} - \frac{63.603{,}66}{KWFP(0{,}056;\ 10;\ 1{,}05)} \right)$$

$$C_0(x) = -1.121.257{,}28 + \frac{60{,}00 \cdot 0{,}7}{KWF(0{,}056;\ 10)} \cdot x + (79.823{,}06)$$

Kapitalwert für Planmenge

$$C_0(5.000) = 454.079{,}12 \ (533.902{,}18)$$

Break-even-Menge

$$C_0(x) = 0$$
$$x = 3.558{,}79 \ (3.305{,}43)$$

Maschine C

Kapitalwertfunktion

$$C_0(x) = -1.500.000{,}00 + \frac{70{,}00 \cdot 0{,}7}{\text{KWF}(0{,}056;\ 10)} \cdot x - \frac{40.000{,}00 \cdot 0{,}7}{\text{KWFP}(0{,}056;\ 10;\ 1{,}02)}$$

$$- \frac{12.000{,}00 \cdot 0{,}7}{\text{KWF}(0{,}056;\ 10)} - \frac{90.000{,}00 \cdot 0{,}7}{1{,}056^5} + \frac{150.000{,}00 \cdot 0{,}3}{\text{KWF}(0{,}056;\ 10)}$$

$$+ \frac{80.000{,}00}{1{,}056^{10}} - \frac{80.000{,}00 \cdot 0{,}3}{1{,}056^{10}} + \left(1.500.000{,}00 - \frac{194.256{,}87}{\text{KWF}(0{,}056;\ 10)}\right)$$

$$+ 0{,}3 \cdot \left(\frac{194.256{,}87}{\text{KWF}(0{,}056;\ 10)} - \frac{119.256{,}87}{\text{KWFP}(0{,}056;\ 10;\ 1{,}05)}\right)$$

$$C_0(x) = -1.468.902{,}96 + \frac{70{,}00 \cdot 0{,}7}{\text{KWF}(0{,}056;\ 10)} \cdot x + (149.668{,}18)$$

Kapitalwert für Planmenge

$$C_0(5.000) = 368.989{,}51 \ (518.657{,}69)$$

Break-even-Menge

$$C_0(x) = 0$$
$$x = 3.996{,}16 \ (3.588{,}99)$$

Für Maschine B ist der Kapitalwert höher und die Break-even-Menge kleiner. Folglich rechnet sich die Maschine C erst ab einer größeren Menge. Zur Ermittlung dieser **Indifferenzmenge** werden die Kapitalwertfunktionen gleichgesetzt.

Indifferenzmenge

$$C_0(x) \text{ für B} = C_0(x) \text{ für C}$$

$$-1.121.257{,}28 + \frac{60{,}00 \cdot 0{,}7}{\text{KWF}(0{,}056;\ 10)} \cdot x + (79.823{,}06)$$

$$= -1.468.902{,}96 + \frac{70{,}00 \cdot 0{,}7}{\text{KWF}(0{,}056;\ 10)} \cdot x + (149.668{,}18)$$

$$347.645{,}68 \ (277.800{,}56) = \frac{10{,}00 \cdot 0{,}7}{\text{KWF}(0{,}056;\ 10)} \cdot x$$

$$x = 6.620{,}41 \ (5.290{,}31)$$

2.5 Kapitalwertmethode mit Berücksichtigung von Steuern

In Tabelle 2.36 werden die Ergebnisse mit und ohne Steuern verglichen. Wie bei der Maschine A fallen die Kapitalwerte durch die Berücksichtigung von Steuern deutlich kleiner aus, während die Break-even- und Indifferenzmengen relativ nahe beieinander liegen.

Tabelle 2.36: Vergleich mit und ohne Steuern

	Ohne Steuern		Mit Steuern	
	Ohne Darlehen	Mit Darlehen	Ohne Darlehen	Mit Darlehen
Kapitalwert B	571.331,10	(676.142,12)	454.079,12	(533.902,18)
Break-even-Menge B	3.580,91	(3.320,58)	3.558,79	(3.305,43)
Kapitalwert C	453.564,03	(650.084,59)	368.989,51	(518.657,69)
Break-even-Menge C	4.034,37	(3.615,97)	3.996,16	(3.588,99)
Indifferenzmenge	6.755,08	(5.388,33)	6.620,41	(5.290,31)

2.5.6 Optimale Laufzeit

Auch für Maschine D wird mit einem Steuersatz von 30 % kalkuliert. Der Kalkulationszins reduziert sich auf 7 %. Die Abschreibung pro Jahr beträgt Euro 50.000,00. Die Integration einer Darlehensfinanzierung ist unter Berücksichtigung von Steuern möglich, soll aber hier nicht behandelt werden.

Maschine D

- $i_{KK} = 0{,}1$
- $T = 8$
- $s = 30\ \%$
- $x = 9.000$ ME pro Jahr
- db je ME · Euro 20,00
- AK Beginn 1. Jahr · Euro 400.000,00
- VK in
  - t = 0 · Euro 400.000,00
  - t = 1 · Euro 300.000,00
  - t = 2 · Euro 240.000,00
  - t = 3 · Euro 200.000,00
  - t = 4 · Euro 170.000,00
  - t = 5 · Euro 140.000,00
  - t = 6 · Euro 150.000,00
  - t = 7 · Euro 80.000,00
  - t = 8 · Euro 20.000,00
- AfA pro Jahr · Euro 50.000,00
- Perso pro Jahr nachschüssig · Euro 30.000,00
- Inst pro Jahr nachschüssig mit digitaler Steigerung um Euro 2.000,00 · Euro 2.000,00
- Gen Ende 6. Jahr · Euro 100.000,00

Dynamische Investitionsrechnung

$$i = 0{,}07 = 0{,}1 \cdot (1 - 0{,}3)$$

Tabelle 2.37 zeigt die Ermittlung der optimalen Laufzeiten. Dazu werden die Abschreibungen von den zahlungswirksamen Erfolgen abgezogen und die Steuern auf das Ergebnis berechnet. Im Anschluss müssen die Abschreibungen wieder hinzugezogen werden, da sie nicht zahlungswirksam sind. Die resultierende Zahlungsreihe ohne Verkaufserlös wird sukzessive abgezinst aufaddiert und man erhält die Kapitalwerte ohne Verkaufserlös. Beim Verkaufserlös ist die Steuerschuld bzw. –ersparnis auf den Bucherfolg zu berücksichtigen. Eine Steuerschuld wird vom Verkaufserlös subtrahiert und eine Steuerersparnis addiert. Die jeweiligen Verkaufserlöse nach Steuern werden den Kapitalwerten abgezinst hinzugerechnet. Der Kapitalwert mit Verkaufserlös ist für eine Laufzeit von acht Jahren am größten und somit bei einer einmaligen Durchführung optimal. Für sich wiederholende Durchführungen weist die Annuität für eine Laufzeit von fünf Jahren den höchsten Wert auf und ist folglich optimal. Die Ergebnisse entsprechen denen ohne Berücksichtigung von Steuern.

Tabelle 2.37: Optimale Laufzeit mit Steuern

Zeitpunkt	t = 0	t = 1	t = 2	t = 3	t = 4	t = 5	t = 6	t = 7	t = 8
AK	400,00								
db · x		180,00	180,00	180,00	180,00	180,00	180,00	180,00	180,00
Perso		30,00	30,00	30,00	30,00	30,00	30,00	30,00	30,00
Inst		2,00	4,00	6,00	8,00	10,00	12,00	14,00	16,00
Gen							100,00		
AfA		50,00	50,00	50,00	50,00	50,00	50,00	50,00	50,00
Ergebnis		98,00	96,00	94,00	92,00	90,00	- 12,00	86,00	84,00
30 %		29,40	28,80	28,20	27,60	27,00	+ 3,60	25,80	25,20
Ergebnis		68,60	67,20	65,80	64,40	63,00	- 8,40	60,20	58,80
AfA		50,00	50,00	50,00	50,00	50,00	50,00	50,00	50,00
z_t^{oVK}	- 400,00	118,60	117,20	115,80	114,40	113,00	41,60	110,20	108,80
$C_{0\,t}^{oVK}$	- 400,00	- 289,16	- 186,79	- 92,26	- 4,99	75,58	103,30	171,92	235,25
VK_t v. St.	400,00	300,00	240,00	200,00	170,00	140,00	150,00	80,00	20,00
RBW	400,00	350,00	300,00	250,00	200,00	150,00	100,00	50,00	0,00
BE	0,00	-50,00	-60,00	-50,00	-30,00	-10,00	+50,00	+30,00	+20,00
30 %	0,00	+15,00	+18,00	+15,00	+ 9,00	+3,00	-15,00	-9,00	-6,00
VK_t n. St.	400,00	315,00	258,00	215,00	179,00	143,00	135,00	71,00	14,00
$C_{0\,t}^{mVK}$	0,00	5,23	38,56	83,24	131,57	177,54	193,26	216,14	243,40
KWF		1,0700	0,5531	0,3811	0,2952	0,2439	0,2098	0,1856	0,1675
$a_{0\,t}^{mVK}$		5,60	21,33	31,72	38,84	43,30	40,55	40,11	40,76

2.5.7 Berücksichtigung von Risiko

Bei der Berücksichtigung von Risiko beschränkt sich der Autor auf die univariablen Ansätze. Zunächst werden die Kapitalwertfunktionen für Maschine A aufgestellt. Für die Kapitalwertfunktion in Abhängigkeit vom Kalkulationszins ist die jeweilige Zahlungsreihe der Ausgangspunkt, die übrigen werden aus der Kapitalwertformel abgeleitet. Die Klammerausdrücke beziehen sich wieder auf die Darlehensfinanzierung. Eine Kapitalwertfunktion in Abhängigkeit vom Steuersatz fehlt, da sie quasi deckungsgleich mit der Kapitalwertformel ist.

Kapitalwertfunktion in Abhängigkeit vom Kalkulationszins ohne Darlehen

$$C_0(i) = -100.000,00 + \frac{34.420,00}{q^1} + \frac{33.580,00}{q^2} + \frac{18.723,20}{q^3} + \frac{31.849,26}{q^4} + \frac{37.957,85}{q^5}$$

Kapitalwertfunktion in Abhängigkeit vom Kalkulationszins mit Darlehen

$$C_0(i) = -0,00 + \frac{12.480,36}{q^1} + \frac{11.321,05}{q^2} - \frac{3.874,23}{q^3} + \frac{8.893,06}{q^4} + \frac{14.621,33}{q^5}$$

Kapitalwertfunktion in Abhängigkeit von der Menge

$$C_0(x) = -274.943,51 + \frac{48,00 \cdot 0,7}{KWF(0,07; 5)} \cdot x + (7.455,81)$$

Kapitalwertfunktion in Abhängigkeit vom Deckungsbeitrag

$$C_0(db) = -274.943,51 + \frac{2.200 \cdot 0,7}{KWF(0,07; 5)} \cdot db + (7.455,81)$$

Kapitalwertfunktion in Abhängigkeit vom Personalaufwand

$$C_0(Perso) = 206.899,82 - \frac{0,7}{KWFP(0,07; 5; 1,02)} \cdot Perso + (7.455,81)$$

Kapitalwertfunktion in Abhängigkeit von der Tariferhöhung

$$C_0(p) = 206.899,82 - \frac{60.000,00 \cdot 0,7}{KWFP(0,07; 5; p)} + (7.455,81)$$

Kapitalwertfunktion in Abhängigkeit vom Instandhaltungsaufwand

$$C_0(Inst) = 42.493,77 - \frac{0,7}{KWF(0,07; 5)} \cdot Inst + (7.455,81)$$

Kapitalwertfunktion in Abhängigkeit von der Generalüberholung

$$C_0(\text{Gen}) = 39.571{,}25 - \frac{0{,}7}{1{,}07^3} \cdot \text{Gen} + (7.455{,}81)$$

Kapitalwertfunktion in Abhängigkeit vom Verkaufserlös

$$C_0(\text{VK}) = 23.152{,}18 + \frac{\text{VK}}{1{,}07^5} - \frac{(\text{VK} - \text{RBW}) \cdot 0{,}3}{1{,}07^5} + (7.455{,}81)$$

Die Ergebnisse der Sensitivitätsanalyse werden in Tabelle 2.38 dargestellt. Die Kapitalwerte mit Steuern sind niedriger als die ohne Steuern.[44] Mit Ausnahme bei der Variation des Kalkulationszinses und des Steuersatzes liegen die Kapitalwerte mit Darlehen um den Finanzierungseffekt in Höhe von Euro 7.455,81 höher als die Kapitalwerte ohne Darlehen. Die Werte für die Variation des Kalkulationszinses mit Darlehen sind nur mit Vorsicht zu interpretieren, weil die Zahlungsreihe mit Darlehen in t = 3 ein negatives Vorzeichen aufweist und somit die Kapitalwertfunktion nicht zwingend streng monoton sein muss.

Dennoch lässt sich sagen, dass der Finanzierungseffekt sich gegenläufig zur Investition ohne Darlehen verhält und die Kapitalwerte mit Darlehen näher zusammenliegen. Problematisch sind auch die Kapitalwerte bezüglich einer Variation des Steuersatzes zu sehen, weil die strenge Monotonie nicht mit Sicherheit erfüllt sein muss. Das liegt daran, dass bei z.B. einer Steuersatzsenkung sich die CF's erhöhen und der Kalkulationszins mit gegensätzlicher Wirkung steigt. Für Maschine A wirkt sich eine Steuersatzsenkung aber erwartungsgemäß erhöhend auf den Kapitalwert aus. Der Finanzierungseffekt verläuft gleichgerichtet zur Investition und verstärkt die Wirkung einer Steuersatzänderung. Die Kapitalwerte mit Darlehen variieren stärker als die ohne Darlehen.

In Tabelle 2.39 werden die Resultate der Break-even-Analyse gezeigt. Bei der Berücksichtigung eines Darlehens gibt es keinen Break-even-Zins, da sich die Anschaffungsauszahlung mit der Darlehensauszahlung zu einer Zahlung von Euro 0,00 in t = 0 aufhebt. Der Break-even-Zins in Höhe von 16,98 % ist ein Zins nach Steuern und müsste für einen Vergleich mit den 23,56 % noch durch 0,7 dividiert werden.

---

[44] Einzige Ausnahme ist der Kapitalwert ohne Darlehen bei einer reduzierten Menge.

2.5 Kapitalwertmethode mit Berücksichtigung von Steuern

Tabelle 2.38: Sensitivitätsanalyse mit und ohne Steuern

Variable	%	Wert	Kapitalwert ohne Steuern		Kapitalwert mit Steuern	
			Ohne Darlehen	Mit Darlehen	Ohne Darlehen	Mit Darlehen
i	- 20	0,08/ 0,056	44.014,66	(49.229,16)	33.124,91	(36.966,60)
		0,10/ 0,070	36.696,55	(46.704,64)	28.143,08	(35.598,89)
	+ 20	0,12/ 0,084	29.970,21	(44.394,12)	23.456,15	(34.315,65)
s	- 20	24 %			29.990,76	(37.983,60)
		30 %	-	-	28.143,08	(35.598,89)
	+ 20	36 %			26.220,47	(33.125,06)
x	- 10	1.980	- 3.334,16	(6.673,93)	- 2.165,57	(5.290,24)
		2.200	36.696,55	(46.704,64)	28.143,08	(35.598,89)
	+ 10	2.420	76.727,26	(86.735,35)	58.451,74	(65.907,55)
db	- 10	43,20	- 3.334,16	(6.673,93)	- 2.165,57	(5.290,24)
		48,00	36.696,55	(46.704,64)	28.143,08	(35.598,89)
	+ 10	52,80	76.727,26	(86.735,35)	58.451,74	(65.907,55)
Perso	- 10	54.000,00	60.280,50	(70.288,59)	46.018,75	(53.474,56)
		60.000,00	36.696,55	(46.704,64)	28.143,08	(35.598,89)
	+ 10	66.000,00	13.112,60	(23.120,69)	10.267,40	(17.723,21)
p	- 100	0 %	45.088,86	(55.096,95)	34.691,53	(42.147,34)
		2 %	36.696,55	(46.704,64)	28.143,08	(35.598,89)
	+ 100	4 %	27.981,80	(37.989,89)	21.339,21	(28.795,02)
Inst	- 20	4.000,00	40.487,33	(50.495,42)	31.013,22	(38.469,03)
		5.000,00	36.696,55	(46.704,64)	28.143,08	(35.598,89)
	+ 20	6.000,00	32.905,76	(42.913,85)	25.272,94	(32.728,75)
Gen	- 20	16.000,00	39.701,81	(49.709,90)	30.428,71	(37.884,52)
		20.000,00	36.696,55	(46.704,64)	28.143,08	(35.598,89)
	+ 20	24.000,00	33.691,29	(43.699,38)	25.857,45	(33.313,26)
VK	- 20	8.000,00	35.454,70	(45.462,79)	27.144,90	(34.600,71)
		10.000,00	36.696,55	(46.704,64)	28.143,08	(35.598,89)
	+ 20	12.000,00	37.938,39	(47.946,48)	29.141,26	(36.597,07)

Ein Break-even-Steuersatz wird nicht berechnet. In der linken Tabellenhälfte werden keine Steuern berücksichtigt und im rechten Teil keine Angaben aufgrund der nicht näher untersuchten Monotonieeigenschaft der Kapitalwertfunktion in Abhängigkeit von dem Steuersatz gemacht. Für die übrigen Break-even-Werte lässt sich festhalten, dass die Ergebnisse mit und ohne Steuern kaum voneinander abweichen.

Tabelle 2.39: Break-even-Analyse mit und ohne Steuern

Variable	Break-even ohne Steuern		Break-even mit Steuern	
	Ohne Darlehen	Mit Darlehen	Ohne Darlehen	Mit Darlehen
i	23,56 %	–	16,98 %	–
s	–	–	–	–
x	1.998,32	(1.943,32)	1.995,72	(1.941,60)
db	43,60	(42,40)	43,54	(42,36)
Perso	69.335,98	(71.882,14)	69.446,27	(71.948,83)
p	9,96 %	(11,95 %)	9,82 %	(11,72 %)
Inst	14.680,46	(17.320,57)	14.805,48	(17.403,20)
Gen	68.843,10	(82.163,87)	69.252,12	(82.300,24)
VK	- 49.100,15	(- 65.218,28)	- 46.388,76	(- 61.327,56)

2.5.8 Zusammenfassung

In diesem Abschnitt werden die wichtigsten Regeln und Formeln zusammengefasst.

Kapitalwertformel und Zahlungsreihe

- Für thesaurierte Gewinne wird ein Steuersatz von 30 % für beide Rechtsformen angenommen.

- Bei der **Kapitalwertformel** sind die zahlungswirksamen Erfolge um den Steuersatz zu kürzen.

- Die steuerlichen Auswirkungen der nicht zahlungswirksamen Abschreibungen und des nicht zahlungswirksamen Bucherfolges aus dem Anlageverkauf müssen erfasst werden.

- Der Kalkulationszins ist bei Fremdfinanzierung um den Steuersatz zu reduzieren.

- Der Kalkulationszins ist bei Eigenfinanzierung in der Interpretation eines Mindestverzinsungsanspruches um den Steuersatz zu kürzen, in der Interpretation von Eigenkapitalkosten eher nicht.

- Bei der **Zahlungsreihe** müssen Abschreibungen und Bucherfolge zur Berechnung des Gewinns für die Steuerermittlung herangezogen werden, ehe sie aufgrund der Nichtzahlungswirksamkeit wieder gegengerechnet werden.

Kapitalwertmethode mit Berücksichtigung von Steuern 2.5

Darlehensfinanzierung

- In den Darlehensraten sind steuerwirksame Zinsaufwendungen enthalten.
- Bei der **Kapitalwertformel** wird der Kapitalwert der Darlehenszinsen berechnet, indem man den Kapitalwert der Tilgung vom Kapitalwert der Darlehensrate abzieht.
- Den Kapitalwert der Tilgung erhält man durch Division der Anfangstilgung durch den KWFP mit $p = 1 + i_D$.
- Die Anfangstilgung ergibt sich aus der Differenz der Darlehensrate und dem Produkt aus Darlehensbetrag und Darlehenszins.
- Bei der **Zahlungsreihe** müssen die Darlehenszinsen bei der Berechnung des Gewinns für die Steuerermittlung berücksichtigt werden.
- Die Tilgung wird ergebnisneutral abgezogen.

Vorteilhaftigkeit

- Für Maschine A fallen die Kapitalwerte mit Steuern deutlich geringer als ohne Steuern aus.
- Die Break-even-Mengen sind mit und ohne Steuern nahezu gleich.

Auswahl

- Die Kapitalwerte für die Maschinen B und C weisen mit Steuern ebenfalls kleinere Werte als ohne Steuern aus.
- Die Break-even- und Indifferenzmengen liegen mit und ohne Steuern nahe beieinander.

Optimale Laufzeit

- Die Abschreibungen werden zur Berechnung des Gewinns für die Steuerermittlung zunächst abgezogen, anschließend wieder hinzugerechnet.
- Die Steuerschuld oder -ersparnis auf den Bucherfolg aus dem Anlageverkauf muss für jeden Verkaufserlös separat ermittelt werden.
- Für Maschine D sind die optimalen Laufzeiten mit und ohne Steuern identisch.

Risikobetrachtung mit Sensitivitäts- und Break-even-Analyse

- Ausgangspunkt für die Kapitalwertfunktionen in Abhängigkeit von i sind die Zahlungsreihen.
- Ausgangspunkt für alle übrigen Kapitalwertfunktionen ist die Kapitalwertformel.

Dynamische Investitionsrechnung

- Bei der **Sensitivitätsanalyse** sind die Kapitalwerte mit Steuern niedriger als die mit Steuern.
- Außer bei $C_0(i)$ und $C_0(s)$ ist der Finanzierungseffekt konstant und positiv.
- $C_0(i)$ mit Darlehen ist nicht mit Sicherheit streng monoton, wenn mehrere Vorzeichenwechsel vorliegen.
- Finanzierungseffekt von $C_0(i)$ gegenläufig zur Investition.
- $C_0(s)$ aufgrund gegensätzlicher Steuereffekte nicht mit Sicherheit streng monoton.
- In der Regel steigt der Kapitalwert mit sinkendem Steuersatz.
- Bei der **Break-even-Analyse** fallen die Werte mit und ohne Steuern fast zusammen.
- Mit Darlehensfinanzierung sind die Ergebnisse besser als ohne.
- Break-even-Zins bei $C_0(i)$ mit Darlehen gibt es nicht, da $z_0 = 0$.
- Ein Break-even-Steuersatz kann ohne weitere Untersuchungen der Monotonie nicht berechnet werden.

In Tabelle 2.40 werden Kapitalwertformel und alle Kapitalwertfunktionen aufgelistet.

Tabelle 2.40: *Kapitalwertformel und Kapitalwertfunktionen*

Kapitalwertformel

$$C_0 = -AK + \frac{db \cdot (1-s)}{KWF} \cdot x - \frac{\text{Regelmäßige zw. Aufwendungen} \cdot (1-s)}{KWF/KWFP}$$

$$- \frac{\text{Unregelmäßiger zw. Aufwand} \cdot (1-s)}{q^t} + \frac{AfA \cdot s}{KWF}$$

$$+ \frac{VK}{q^T} \pm \frac{BE \cdot s}{q^T} + \left(\text{Darl} - \frac{\text{Rate}}{KWF}\right)$$

$$+ s \cdot \left(\frac{\text{Rate}}{KWF} - \frac{\text{Anfangstilgung}}{KWFP\,(p = 1 + i_D)}\right)$$

mit

$\quad i = i_{KK} \cdot (1 - s)$

und

$\quad \text{Anfangstilgung} = \text{Rate} - \text{Darl} \cdot i_D$

Kapitalwertmethode mit Berücksichtigung von Steuern

Kapitalwertfunktionen

Kalkulationszins

$$C_0(i) = -z_0 + \frac{z_1}{q^1} + \ldots + \frac{z_T}{q^T}$$

Menge

$$C_0(x) = -\text{Konstante} + \frac{db \cdot (1-s)}{\text{KWF}} \cdot x \qquad \textbf{linear steigend}$$

Deckungsbeitrag

$$C_0(db) = -\text{Konstante} + \frac{x \cdot (1-s)}{\text{KWF}} \cdot db \qquad \textbf{linear steigend}$$

Personalaufwand

$$C_0(\text{Perso}) = \text{Konstante} - \frac{(1-s)}{\text{KWFP}} \cdot \text{Perso} \qquad \textbf{linear fallend}$$

Tariferhöhung

$$C_0(p) = \text{Konstante} - \frac{\text{Perso} \cdot (1-s)}{\text{KWFP}(p)} \qquad \textbf{nicht linear fallend}$$

Instandhaltung

$$C_0(\text{Inst}) = \text{Konstante} - \frac{(1-s)}{\text{KWF}} \cdot \text{Inst} \qquad \textbf{linear fallend}$$

Generalüberholung

$$C_0(\text{Gen}) = \text{Konstante} - \frac{(1-s)}{q^t} \cdot \text{Gen} \qquad \textbf{linear fallend}$$

Verkaufserlös

$$C_0(\text{VK}) = \text{Konstante} + \frac{\text{VK}}{q^T} - \frac{(\text{VK} - \text{RBW}) \cdot s}{q^T} \qquad \textbf{linear steigend}$$

3 Statische Investitionsrechnung

3.1 Überblick

Die statische Investitionsrechnung zeichnet sich dadurch aus, dass sie den zeitlichen Anfall der Zahlungen vernachlässigt und stattdessen von jährlichen Durchschnittswerten ausgeht. Als Rechenebene dienen Aufwendungen bzw. Kosten und Erträge. Die Zinsen werden als normaler Aufwand erfasst, da es keine Abzinsung gibt. Zu den statischen Methoden gehören:

- Kostenvergleichsrechnung
- Gewinnvergleichsrechnung
- Rentabilitätsvergleichsrechnung
- Statische Amortisationszeit

Im folgenden werden alle vier Methoden auf das Auswahlproblem zwischen Maschine B und C angewendet. Die Daten sind untenstehend noch einmal aufgeführt. Dabei sind neben dem Deckungsbeitrag je Stück auch der Preis und die proportionalen Kosten je Stück angegeben. Letztere benötigt man für die Kostenvergleichsrechnung, weil hier nur Kosten betrachtet werden. Eine Unterscheidung in vier Fälle ist nicht nötig, da bei den statischen Methoden Jahresgrößen betrachtet werden. Das Problem der Prüfung der Vorteilhaftigkeit wird nicht in einem Extraabschnitt untersucht, sondern als Bestandteil des Auswahlproblems gesehen und hier gleich mit behandelt. Eine Anwendung der statischen Verfahren auf die Bestimmung von optimalen Laufzeiten wird weggelassen. Die Integration einer Darlehensfinanzierung wird in Abschnitt 3.2 ausführlich erklärt. In den anderen Abschnitten werden alle Ergebnisse ohne Darlehensfinanzierung und in Klammern dahinter mit Darlehensfinanzierung ausgewiesen. Die Ansätze zur Berücksichtigung von Risiko lassen sich leicht auf die statischen Methoden übertragen, werden aber nicht ein zweites Mal dargestellt. In diesem Kapitel beschränkt sich der Autor auf die Berechnung von Break-even- und Indifferenzmengen. Steuern auf das Einkommen und den Ertrag werden ebenfalls nicht in die Betrachtungen miteinbezogen, da eine ungenaue Durchschnittsbildung auf der einen Seite und die detailgenaue Berechnung der Steuern auf der anderen Seite nicht zusammenpassen.

Maschine B und C

		Maschine B		Maschine C	
–	i = 0,08				
–	T = 10				
–	x = 5.000 ME pro Jahr				
–	db je ME	Euro	60,00	Euro	70,00
–	Preis je ME	Euro	300,00	Euro	300,00
–	Variable Kosten je ME	Euro	240,00	Euro	230,00
–	AK Beginn 1. Jahr	Euro	800.000,00	Euro	1.500.000,00
–	VK Ende 10. Jahr	Euro	50.000,00	Euro	80.000,00
–	Perso pro Jahr nachschüssig mit 2 % Steigerung	Euro	60.000,00	Euro	40.000,00
–	Inst pro Jahr nachschüssig	Euro	20.000,00	Euro	12.000,00
–	Gen Ende 5. Jahr	Euro	140.000,00	Euro	90.000,00

Weitere Annahmen für beide Maschinen:

- Darlehensfinanzierung der AK zu 5 % und einer Laufzeit von 10 Jahren
- Lagerdauer Material 30 Tage
- Lagerdauer Produkte 14 Tage
- Forderungen aus Lieferung und Leistung werden durch Verbindlichkeiten aus Lieferung und Leistung finanziert.

3.2 Kostenvergleichsrechnung

Bei der Kostenvergleichsrechnung werden die Erträge nicht berücksichtigt, weil sie für beide Maschinen gleich sind und sich somit kürzen lassen. Das hat allerdings zur Konsequenz, dass man keine Break-even-Mengen berechnen kann. Die Kostenfunktion in Abhängigkeit von der Menge gliedert sich in einen Fixkostenblock und einen variablen Teil, der sich proportional zur Menge verhalten soll. Zunächst werden folgende Symbole eingeführt:

- K = Kosten pro Jahr
- K_{Fix} = Fixe Kosten pro Jahr
- k_{var} = Variable Kosten je Mengeneinheit
- $\emptyset$ = Durchschnitt

Die Kostenfunktion lautet:

$$K(x) = K_{Fix} + k_{var} \cdot x \qquad \textbf{Kostenfunktion in Abhängigkeit von der Menge}$$

Kostenvergleichsrechnung 3.2

mit

         Ø Personalaufwand
+   Ø Instandhaltung
+   Ø Generalüberholung
+   Ø Abschreibung
+   Ø Zinsen AV
+   Ø Zinsen UV

=   Fixe Kosten pro Jahr

$$\text{Ø Personalaufwand} = \frac{1}{T} \cdot \frac{\text{Perso}}{\text{KWFP}(0{,}00; T; p)}$$

$$\text{Ø Instandhaltung} = \frac{1}{T} \cdot \sum \text{Inst}$$

$$\text{Ø Generalüberholung} = \frac{1}{T} \cdot \text{Gen}$$

$$\text{Ø Abschreibung} = \frac{AK - VK}{T}$$

$$\text{Ø Zinsen AV} = \frac{AK + VK}{2} \cdot i$$

$$\text{Ø Zinsen UV} = \text{Vorräte} \cdot i$$

mit

$$\text{Vorräte Material} = k_{var} \cdot \text{Planmenge} \cdot \frac{\text{Lagerdauer}}{365}$$

$$\text{Vorräte Produkte} = \text{Preis} \cdot \text{Planmenge} \cdot \frac{\text{Lagerdauer}}{365}$$

Zur vereinfachenden Ermittlung der durchschnittlichen Personalaufwendungen kann der KWFP mit einem Zins von 0,00 genutzt werden. Mit ihm kann man die steigenden Personalaufwendungen unabgezinst aufaddieren. Anschließend wird das Ergebnis durch T geteilt und man erhält den Durchschnittswert. Für die Berechnung der durchschnittlichen Instandhaltungsaufwendungen ist bei konstantem Verlauf der Wert einfach zu übernehmen, bei steigendem Verlauf der KWFP zu nutzen und bei unregelmäßigem Verlauf einzeln aufzuaddieren und durch T zu teilen. Die zumeist einmalige Generalüberholung muss einfach durch T geteilt werden.

Die jährliche Abschreibung ergibt sich aus der Differenz aus Anschaffungsauszahlung (Anschaffungskosten) und Verkaufserlös. Dabei ist ein eventueller Bucherfolg berücksichtigt und der Restbuchwert (RBW) bereits gekürzt.

$$\frac{AK - VK}{T} = \frac{AK - RBW}{T} + \frac{RBW - VK}{T}$$

3 Statische Investitionsrechnung

Die Zinsen werden auf das durchschnittlich gebundene Kapital gerechnet. Zu Beginn ist Kapital in Höhe der AK gebunden und am Ende in Höhe des VK. Der Fokus liegt dabei nicht auf den Rückflüssen und dem Zeitpunkt der Amortisation, sondern auf dem Wert der Maschine. Bei einem Verkauf kann die zufließende Liquidität zu einer Kredittilgung oder für Investitionszwecke verwendet werden. Je nach dem entstehen vor dem Verkauf Fremdkapitalzinsen auf den Kredit oder kalkulatorische Kosten durch entgangene Investitionsmöglichkeiten.

Zu den Kapitalbindungskosten in Form von Abschreibungen und Zinsen auf das Anlagevermögen (AV) können noch Kapitalbindungskosten in Form von Zinsen auf das Umlaufvermögen (UV) hinzukommen. Damit sind die Kosten für die Vorratshaltung der Materialien und Produkte sowie für die ausstehenden Forderungen gemeint. Unter der Annahme, dass die ausstehenden Forderungen aus Lieferung und Leistung durch die Verbindlichkeiten aus Lieferung und Leistung finanziert werden, ist für die Ermittlung der Vorratskosten zunächst der bewertete Bestand zu ermitteln. Wenn die Materialaufwendungen den variablen Kosten entsprechen und eine Lagerdauer von z.B. 30 Tagen angenommen wird, beträgt der bewertete Materialbestand ungefähr ein Zwölftel von den jährlichen Materialaufwendungen der Planmenge. Für die Produkte wird ebenfalls eine Lagerzeit angenommen und nach dem Opportunitätskostengedanken der Preis als Wertansatz gewählt. Multipliziert man die Summe mit dem Kalkulationszins, erhält man die jährlichen Kapitalbindungskosten für die Vorräte.

In der dynamischen Investitionsrechnung wurden die Kapitalbindungskosten des Umlaufvermögens nicht angesprochen, um den Fall nicht zu überfrachten. Zwischen Einkauf von Material, der Bezahlung, der Produktion, dem Verkauf und dem Eingang des Geldes können lange Zeitspannen liegen. Für die dynamische Investitionsrechnung sind nur die Zahlungen relevant. Somit kann ein Lagerbestand dadurch berücksichtigt werden, dass ein Teil der Verkaufszahlungen in die jeweilige Folgeperiode geschoben wird. Das Kriterium für das Auswahlproblem lautet:

Die Maschine mit den geringeren Kosten ist auszuwählen.

Für die Maschinen B und C ergeben sich folgende Kostenfunktionen und Kosten bei einer Planmenge von 5.000 Stück.

Maschine B

Fixe Kosten

$$\varnothing \text{ Personalaufwand} = 65.698{,}33 = \frac{1}{10} \cdot \frac{60.000{,}00}{\text{KWFP}(0{,}00;\ 10;\ 1{,}02)}$$

$$\varnothing \text{ Instandhaltung} = 20.000{,}00$$

$$\varnothing \text{ Generalüberholung} = 14.000{,}00 = \frac{1}{10} \cdot 140.000{,}00$$

$$\varnothing \text{ Abschreibung} = 75.000,00 = \frac{800.000,00 - 50.000,00}{10}$$

$$\varnothing \text{ Zinsen AV} = 34.000,00 = \frac{800.000,00 + 50.000,00}{2} \cdot 0,08$$

$$\varnothing \text{ Zinsen UV} = 12.493,15 = (98.630,14 + 57.534,25) \cdot 0,08$$

mit

$$240,00 \cdot 5.000 \cdot \frac{30}{365} = 98.630,14$$

$$300,00 \cdot 5.000 \cdot \frac{14}{365} = 57.534,25$$

```
         65.698,33
  +      20.000,00
  +      14.000,00
  +      75.000,00
  +      34.000,00
  +      12.493,15
  ─────────────────
  =     221.191,48
```

Kostenfunktion

$$K(x) = 221.191,48 + 240,00 \cdot x$$

Kosten für Planmenge

$$K(5.000) = 1.421.191,48$$

Maschine C

Fixe Kosten

$$\varnothing \text{ Personalaufwand} = 43.798,84 = \frac{1}{10} \cdot \frac{40.000,00}{\text{KWFP}(0,00; 10; 1,02)}$$

$$\varnothing \text{ Instandhaltung} = 12.000,00$$

$$\varnothing \text{ Generalüberholung} = 9.000,00 = \frac{1}{10} \cdot 90.000,00$$

$$\varnothing \text{ Abschreibung} = 142.000,00 = \frac{1.500.000,00 - 80.000,00}{10}$$

$$\varnothing \text{ Zinsen AV} = 63.200,00 = \frac{1.500.000,00 + 80.000,00}{2} \cdot 0,08$$

$$\varnothing \text{ Zinsen UV} = 12.164,38 = (94.520,55 + 57.534,25) \cdot 0,08$$

3 Statische Investitionsrechnung

mit

$$230{,}00 \cdot 5.000 \cdot \frac{30}{365} = 94.520{,}55$$

$$300{,}00 \cdot 5.000 \cdot \frac{14}{365} = 57.534{,}25$$

```
      43.798,84
+     12.000,00
+      9.000,00
+    142.000,00
+     63.200,00
+     12.164,38
  ─────────────
=    282.163,22
```

Kostenfunktion

$$K(x) = 282.163{,}22 + 230{,}00 \cdot x$$

Kosten für Planmenge

$$K(5.000) = 1.432.163{,}22$$

Die Kosten für die Planmenge sind bei Maschine C höher als bei B. Folglich ist Maschine B auszuwählen. Die Indifferenzmenge erhält man durch Gleichsetzen der Kostenfunktionen und Auflösen nach x.

Indifferenzmenge

K(x) für B = K(x) für C

$221.191{,}48 + 240{,}00 \cdot x = 282.163{,}22 + 230{,}00 \cdot x$

$x = 6.097{,}17$

Abbildung 3.1 zeigt die Verläufe der beiden Kostenfunktionen. Die Steigungen werden durch die jeweiligen variablen Kosten je Mengeneinheit determiniert. Die Fixkosten bilden die Achsenabschnitte. Links von der Indifferenzmenge ist Maschine B vorzuziehen und rechts Maschine C.

Darlehensfinanzierung

Die Berücksichtigung von Darlehensfinanzierungen für die Anschaffungsauszahlungen reduziert die Fixkosten. Zur Berechnung multipliziert man die halbe Darlehenssumme mit der Differenz aus Kalkulations- und Darlehenszins.

$$\text{Finanzierungseffekt} = \frac{\text{Darl}}{2} \cdot (i - i_D) \qquad \textbf{Finanzierungseffekt}$$

Letztendlich berechnet man die Zinsen für das AV jetzt mit dem Darlehenszins. Bei einem 5%igen Darlehen beträgt der Finanzierungseffekt für Maschine B Euro 12.000,00 und für Maschine C sogar Euro 22.500,00.

3.2 Kostenvergleichsrechnung

Abbildung 3.1: Kostenfunktionen in Abhängigkeit von der Menge (Auswahlproblem)

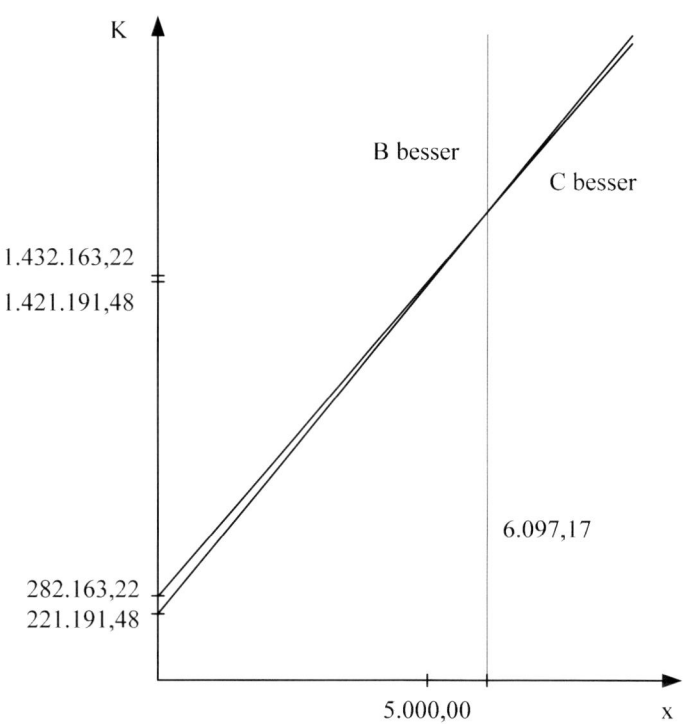

Maschine B

Finanzierungseffekt

$$12.000,00 = \frac{800.000,00}{2} \cdot (0,08 - 0,05)$$

Fixe Kosten

$$209.191,48 = 221.191,48 - 12.000,00$$

Kostenfunktion

$$K(x) = 209.191,48 + 240,00 \cdot x$$

Kosten für Planmenge

$$K(5.000) = 1.409.191,48$$

Maschine C

Finanzierungseffekt

$$22.500{,}00 = \frac{1.500.000{,}00}{2} \cdot (0{,}08 - 0{,}05)$$

Fixe Kosten

$$259.663{,}22 = 282.163{,}22 - 22.500{,}00$$

Kostenfunktion

$$K(x) = 259.663{,}22 + 230{,}00 \cdot x$$

Kosten für Planmenge

$$K(5.000) = 1.409.663{,}22$$

Durch den unterschiedlich starken Finanzierungseffekt fallen die Ergebnisse der Kosten für die Planmenge fast zusammen und folglich rückt die Indifferenzmenge näher an die Planmenge.

$$K(x) \text{ für B} = K(x) \text{ für C}$$

$$209.191{,}48 + 240{,}00 \cdot x = 259.663{,}22 + 230{,}00 \cdot x$$

$$x = 5.047{,}17$$

3.3 Gewinnvergleichsrechnung

Die Gewinnvergleichsrechnung berücksichtigt auch die Erträge. Somit können mit ihr auch Break-even-Mengen für die Maschinen ermittelt werden. Zunächst wird folgendes Symbol eingeführt:

– G = Gewinn pro Jahr

Der Gewinn berechnet sich aus dem Produkt aus Deckungsbeitrag je Stück und Menge abzüglich der Fixkosten und zuzüglich eines eventuellen Finanzierungseffektes.

$$G(x) = -K_{Fix} + db \cdot x + (\text{Finanzierungseffekt}) \qquad \textbf{Gewinnfunktion in Abhängigkeit von der Menge}$$

Die Entscheidungsregel für das Auswahlproblem lautet:

Die Maschine mit dem höheren Gewinn ist auszuwählen.

Der Vergleich der Maschinen B und C führt zu folgenden Ergebnissen:

Maschine B

Gewinnfunktion

$$G(x) = -221.191{,}48 + 60{,}00 \cdot x + (12.000{,}00)$$

Gewinn für Planmenge

$$G(5.000) = 78.808{,}52 \; (90.808{,}52)$$

Break-even-Menge

$$G(x) = 0 = -221.191{,}48 + 60{,}00 \cdot x$$

$$x = 3.686{,}52 \; (3.486{,}52)$$

Maschine C

Gewinnfunktion

$$G(x) = -282.163{,}22 + 70{,}00 \cdot x + (22.500{,}00)$$

Gewinn für Planmenge

$$G(5.000) = 67.836{,}78 \; (90.336{,}78)$$

Break-even-Menge

$$G(x) = 0 = -282.163{,}22 + 70{,}00 \cdot x$$

$$x = 4.030{,}90 \; (3.709{,}47)$$

Für die geplante Menge ist der Gewinn bei B höher als bei C. Somit kommt man mit der Gewinnvergleichsrechnung zum selben Urteil wie mit der Kostenvergleichsrechnung. Das ist auch nicht weiter verwunderlich, weil beim Übergang von der Kostenvergleichsrechnung zur Gewinnvergleichsrechnung beiden Maschinen dieselben Erträge hinzuaddiert werden. Folglich ist die Differenz der Kosten mit Euro 10.971,74 gleich der Differenz des Gewinnes.

$$10.971{,}74 = 1.432.163{,}22 - 1.421.191{,}48$$

$$10.971{,}74 = 78.808{,}52 - 67.836{,}78$$

Somit muss auch die Indifferenzmenge gleich sein.

Indifferenzmenge

$$G(x) \text{ für B} = G(x) \text{ für C}$$

$$-221.191{,}48 + 60{,}00 \cdot x = -282.163{,}22 + 70{,}00 \cdot x$$

$$x = 6.097{,}17 \; (5.047{,}17)$$

Bei einer Darlehensfinanzierung erhöhen sich die Gewinne um den jeweiligen Finanzierungseffekt und sinken die Break-even-Mengen. Da der Finanzierungseffekt für Maschine C größer ist, rücken die Ergebnisse für die Gewinne sehr nahe zusammen, sodass auch der Abstand zwischen Indifferenz- und Planmenge wieder kleiner wird.

In Abbildung 3.2 werden die Gewinnfunktionen mit den Fixkosten als Achsenabschnitte, den Break-even-Mengen als Schnittpunkte mit der x-Achse und den Deckungsbeiträgen als Steigungen dargestellt.

Abbildung 3.2: Gewinnfunktionen in Abhängigkeit von der Menge (Auswahlproblem)

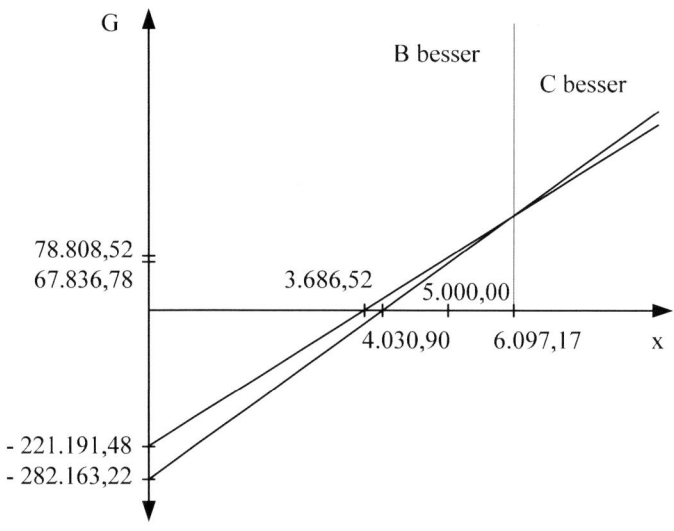

Vergleicht man die Ergebnisse der Gewinnvergleichsrechnung mit denen der Kapitalwertmethode in Tabelle 3.1, so stellt man fest, dass die Break-even-Mengen trotz der völlig verschiedenen Ansätze und der sehr groben Durchschnittsbildung bei der Fixkostenermittlung dicht beieinander liegen. Die Ergebnisse für die Indifferenzmengen sind hingegen schon etwas weiter auseinander. Insgesamt lässt sich vermuten, dass für Investitionen mit nur wenig schwankenden Rückflüssen und nicht zu langer Laufzeit mit der Gewinnvergleichsrechnung auch gute Resultate erzielt werden können.

Tabelle 3.1: Vergleich Gewinnvergleichsrechnung mit Kapitalwertmethode

	Gewinnvergleichs-rechnung	Kapitalwert-methode
Break-even-Menge (ohne Darlehen)		
– Maschine B	3.686,52	3.580,91
– Maschine C	4.030,90	4.034,37
Break-even-Menge (mit Darlehen)		
– Maschine B	3.486,52	3.320,58
– Maschine C	3.709,47	3.615,97
Indifferenzmenge (ohne Darlehen)	6.097,17	6.755,08
Indifferenzmenge (mit Darlehen)	5.047,17	5.388,33

3.4 Rentabilitätsvergleichsrechnung

Unter Rentabilität wird ein Quotient aus einer Erfolgs- und einer Kapitalgröße verstanden. Als Kapitalgröße nimmt man das gebundene Kapital bestehend aus dem Anlagevermögen durch die Anschaffungsauszahlung und aus dem Umlaufvermögen durch die Vorräte und den Forderungsbestand, sofern dieser nicht durch die Verbindlichkeiten aus Lieferung und Leistung gedeckt werden kann. Für die Erfolgsgröße kommen zwei Möglichkeiten in Betracht. Zum einen lässt sich der Return on Investment (ROI) errechnen, indem man den Gewinn in den Zähler einsetzt. Der ROI gibt in Prozent an, wie viel Gewinn je investiertem Kapital erwirtschaftet wurde. Zum anderen kann auch der Gewinn vor Zinsen als Erfolgsfaktor im Zähler stehen. Diese Kennzahl nennt sich Gesamtkapitalrentabiltät (GKR) und misst die Rendite unabhängig von der Finanzierung, da die Zinsen wieder hinzugerechnet bzw. gar nicht erst abgezogen werden. Die GKR wird gerne mit dem Fremdkapitalzins verglichen, um eine Aussage darüber zu treffen, ob eine fremdfinanzierte Investition den Gewinn nach Finanzierung erhöhen kann oder nicht.[45] Wenn die Zinsen bei beiden Rentabilitäten auf das gebundene Kapital gerechnet werden, haben ROI und GKR einen Abstand in Höhe des Zinses i. Folgendes Symbol wird eingeführt:

– R = Rentabilität

Die Formeln für die beiden Rentabilitäten[46] lauten:

---

45 Das würde dann die Eigenkapitalrentabilität steigern, da der Gewinn bei konstantem Eigenkapital steigt.
46 Genau genommen sind es wieder die Funktionen in Abhängigkeit von der Menge.

Statische Investitionsrechnung

$$R(x) = \frac{G(x)}{\text{Gebundenes Kapital}} \quad \textbf{Return on Investment}$$

$$R(x) = \frac{G(x) \text{ vor Zinsen}}{\text{Gebundenes Kapital}} \quad \textbf{Gesamtkapitalrentabilität}$$

mit

$$\text{Gebundenes Kapital} = \frac{AK + VK}{2} + \text{Vorräte}$$

mit

$$\text{Vorräte Material} = k_{var} \cdot \text{Planmenge} \cdot \frac{\text{Lagerdauer}}{365}$$

$$\text{Vorräte Produkte} = \text{Preis} \cdot \text{Planmenge} \cdot \frac{\text{Lagerdauer}}{365}$$

Als Kriterium für die Auswahl wird verwendet:

Die Maschine mit der höheren Rentabilität ist auszuwählen.

Für die Maschinen B und C werden folgende Rentabilitäten ermittelt:

Maschine B

Gebundenes Kapital

$$581.164{,}39 = \frac{800.000{,}00 + 50.000{,}00}{2} + 98.630{,}14 + 57.534{,}25$$

mit

$$240{,}00 \cdot 5.000 \cdot \frac{30}{365} = 98.630{,}14$$

$$300{,}00 \cdot 5.000 \cdot \frac{14}{365} = 57.534{,}25$$

Gewinn

$$78.808{,}52 \; (90.808{,}52)$$

Gewinn vor Zinsen

$$125.301{,}67 = 78.808{,}52 + 34.000{,}00 + 12.493{,}15$$

Return on Investment

$$0{,}1356 = \frac{78.808{,}52}{581.164{,}39} \qquad (0{,}1563)$$

Gesamtkapitalrentabilität

$$0{,}2156 = \frac{125.301{,}67}{581.164{,}39}$$

Maschine C

Gebundenes Kapital

$$942.054{,}80 = \frac{1.500.000{,}00 + 80.000{,}00}{2} + 94.520{,}55 + 57.534{,}25$$

Gewinn

67.836,78 (90.336,78)

Gewinn vor Zinsen

143.201,16 = 67.836,78 + 63.200,00 + 12.164,38

Return on Investment

$$0{,}0720 = \frac{67.836{,}78}{942.054{,}80} \quad (0{,}0959)$$

Gesamtkapitalrentabilität

$$0{,}1520 = \frac{143.201{,}16}{942.054{,}80}$$

Auch mit der Rentabilitätsvergleichsrechnung kommt man zu dem Ergebnis, dass Maschine B gegenüber Maschine C vorzuziehen ist. Bezogen auf den ROI lassen sich auch Break-even-Mengen berechnen. Allerdings sind es dieselben wie bei der Gewinnvergleichsrechnung, da eine Rentabilität nur dann positiv sein kann, wenn der Gewinn positiv ist. Für die GKR Break-even-Mengen zu ermitteln, macht wenig Sinn, weil man dazu den Gewinn vor Finanzierungskosten auf Null setzen müsste. Zur Berechnung der Indifferenzmenge werden ausgehend vom ROI die Gewinnfunktionen in Abhängigkeit von x in die Zähler eingesetzt.

Indifferenzmenge

R(x) für B = R(x) für C

$$\frac{-221.191{,}48 + 60{,}00 \cdot x}{581.164{,}39} = \frac{-282.163{,}22 + 70{,}00 \cdot x}{942.054{,}80}$$

$-0{,}380600539 + 0{,}000103241 \cdot x = -0{,}299518903 + 0{,}000074306 \cdot x$

$0{,}000028935 \cdot x = 0{,}081081636$

x = 2.802,20 (2.914,03)

Das Resultat ist nicht nur weit entfernt vom Ergebnis der Gewinnvergleichsrechnung mit x = 6.097,17, sondern die Indifferenzmenge liegt jetzt auch unterhalb von der Planmenge. Das liegt darin begründet, dass bei der Rentabilitätsvergleichsrechnung auch die sehr unterschiedliche Kapitalbindung miteinbezogen wird.

3 Statische Investitionsrechnung

Abbildung 3.3: *ROI-Funktionen in Abhängigkeit von der Menge (Auswahlproblem)*

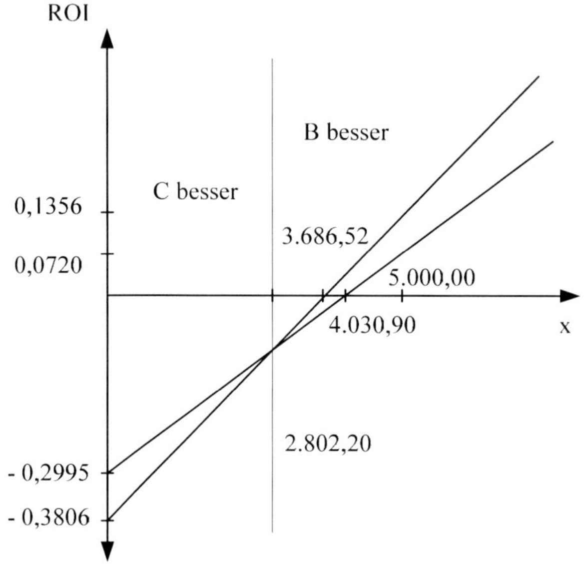

In Abbildung 3.3 werden die beiden Rentabilitätsfunktionen dargestellt. Für die Indifferenzmenge sind die Rentabilitäten negativ. Für größere Mengen ist die Rentabilität von Maschine B stets höher und ab ihrer Break-even-Menge von 3.686,52 auch positiv.

3.5 Statische Amortisationszeit

Bei der statischen Amortisationszeit wird nach der Anzahl der Jahre gefragt, bis die Anschaffungskosten durch die Gewinne zurückgezahlt sind. Dazu teilt man die Anschaffungskosten durch den Gewinn vor Abschreibung. Die Abschreibungen müssen heraus gerechnet werden, da man sie sonst doppelt berücksichtigen würde. Man kann nicht den Gewinn um den Werteverzehr mindern und mit dieser Gewinngröße gleichzeitig die Amortisationszeit der Anschaffungskosten ermitteln.

$$AZ(x) = \frac{AK}{G(x) \text{ vor Abschreibung}} \qquad \textbf{Amortisationszeit in Abhängigkeit von der Menge}$$

Zu beachten ist, dass die Menge x dieses Mal im Nenner steht. Somit handelt es sich nicht um eine lineare Funktion und weiter gibt es für die Break-even-Menge keine

3.5 Statische Amortisationszeit

Amortisationszeit, da durch Null nicht geteilt werden darf. Das Kriterium für die Auswahl lautet:

Die Maschine mit der kürzeren Amortisationszeit ist auszuwählen.

Für die Maschinen B und C ergeben sich folgende Ergebnisse:

Maschine B

Anschaffungskosten

$\quad$ 800.000,00

Gewinn

$\quad$ 78.808,52 (90.808,52)

Gewinn vor Abschreibung

$\quad$ 153.808,52 = 78.808,52 + 75.000,00 (165.808,52)

Break-even-Menge

$\quad$ G(x) vor Abschreibung = 0 = - 221.191,48 + 75.000,00 + 60,00 · x

$\quad$ x = 2.436,52 (2.236,52)

Amortisationszeit

$\quad 5{,}20 = \dfrac{800.000{,}00}{153.808{,}52} \quad (4{,}82)$

Maschine C

Anschaffungskosten

$\quad$ 1.500.000,00

Gewinn

$\quad$ 67.836,78 (90.336,78)

Gewinn vor Abschreibung

$\quad$ 209.836,78 = 67.836,78 + 142.000,00 (232.336,78)

Break-even-Menge

$\quad$ G(x) vor Abschreibung = 0 = - 282.163,22 + 142.000,00 + 70,00 · x

$\quad$ x = 2.002,33 (1.680,90)

Amortisationszeit

$\quad 7{,}15 = \dfrac{1.500.000{,}00}{209.836{,}78} \quad (6{,}46)$

Maschine B hat die kürzere Amortisationszeit und ist somit auszuwählen. Die kleinere Break-even-Menge von Maschine C überrascht zunächst. Auf der einen Seite sprechen die hohen Anschaffungskosten doch eher für eine große Break-even-Menge der Maschine C. Auf der anderen Seite ist aber der Gewinn und auch der Deckungsbeitrag von Maschine C höher und somit insgesamt die Break-even-Menge kleiner. Zur Berechnung der Indifferenzmenge werden die beiden Funktionen gleichgesetzt und nach x aufgelöst.

$$AZ(x) \text{ für B} = AZ(x) \text{ für C}$$

$$\frac{800.000,00}{-146.191,48 + 60,00 \cdot x} = \frac{1.500.000,00}{-140.163,22 + 70,00 \cdot x}$$

$$x = 3.151,67 \ (3.151,67)$$

Die Indifferenzmengen mit und ohne Darlehensfinanzierung sind gleich, weil sich die Finanzierungseffekte proportional zu den Anschaffungskosten verhalten. In Abbildung 3.4 werden die Amortisationsfunktionen oberhalb der jeweiligen Break-even-Mengen dargestellt. Die Funktionen nähern sich für große Mengen der x-Achse an, ohne sie jemals zu berühren. Ab einer Menge von 3.151,67 hat Maschine B die kürzere Amortisationszeit.

Abbildung 3.4: Amortisationszeitfunktionen in Abhängigkeit von der Menge (Auswahlproblem)

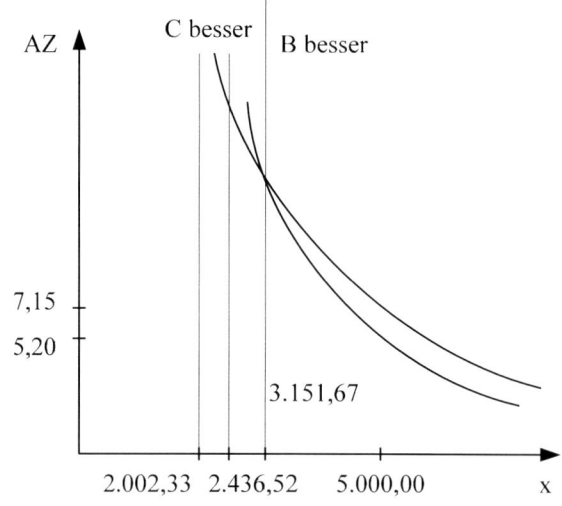

3.6 Zusammenfassung

In diesem Abschnitt sind alle wichtigen Regeln und Formeln noch einmal zusammengestellt.

Überblick statische Investitionsrechnung

- Methoden
  - Kostenvergleichsrechnung
  - Gewinnvergleichsrechnung
  - Rentabilitätsvergleichsrechnung
  - Statische Amortisationszeit
- Charakteristika
  - Rechenebene Aufwendungen/ Kosten und Erträge
  - Zeitlicher Anfall wird nicht berücksichtigt, stattdessen Durchschnittsbildung
- Probleme
  - Vorteilhaftigkeit
  - Auswahl

Vorteilhaftigkeit

- Eine Investition ist vorteilhaft, wenn
  - die Kosten ein zu definierendes Budget nicht überschreiten,
  - der Gewinn positiv ist,
  - die Rentabilität einen zu definierenden Wert erreicht,
  - die Amortisationszeit kürzer als die Nutzungsdauer ist.
- Eine Darlehensfinanzierung ist für alle Methoden integrierbar.

Auswahl

- Eine Unterscheidung zwischen einmaligen und sich wiederholenden Investition bzw. zwischen gleichen und verschiedenen Laufzeiten gibt es nicht, da mit allen statischen Methoden Jahresgrößen berechnet werden.
- Eine Maschine ist einer anderen vorzuziehen, wenn
  - die Kosten niedriger sind,
  - der Gewinn höher,
  - die Rentabilität höher,
  - und die Amortisationszeit kürzer ist.
- Bei der Kostenvergleichsrechnung kann eine Break-even-Menge nicht ermittelt werden, weil keine Erträge berücksichtigt werden.

- Die Indifferenzmengen von Kosten- und Gewinnvergleichsrechnung sind gleich, da lediglich die gleichen Erträge auf beiden Seiten hinzuaddiert werden.
- Die Break-even-Mengen von Gewinn- und Rentabilitätsvergleichsrechnung (ROI) sind gleich, weil bei beiden Methoden der Gewinn positiv sein muss.
- ROI und GKR haben einen Abstand in Höhe des Kalkulationszinses, sofern die Zinsen bei beiden Rentabilitäten auf das gebundene Kapital bezogen werden.
- Die Indifferenzmengen der Rentabilitätsvergleichsrechnung und der statischen Amortisationszeit können aufgrund der Einbeziehung der Kapitalbindung bzw. der Anschaffungskosten weit von der der Kosten- und Gewinnvergleichsrechnung abweichen.
- Die Amortisationszeit ist für ihre Break-even-Menge nicht definiert, da man sonst durch Null teilen müsste.
- Die Indifferenzmengen für die Amortisationszeit mit und ohne Darlehensfinanzierung sind gleich, weil sich die Finanzierungseffekte proportional zu den Anschaffungskosten verhalten.

Bewertung

- Die statischen Methoden der Investitionsrechnung sind einfach anzuwenden.
- Für Investitionsvergleiche mit langen Laufzeiten und starken Schwankungen in den Rückflüssen können die Ergebnisse zu ungenau werden.

Tabelle 3.2: *Methoden der statischen Investitionsrechnung*

Kostenvergleichsrechnung

$$K(x) = K_{Fix} + k_{var} \cdot x - (\text{Finanzierungseffekt})$$

Gewinnvergleichsrechnung

$$G(x) = -K_{Fix} + db \cdot x + (\text{Finanzierungseffekt})$$

Rentabilitätsvergleichsrechnung

$$ROI(x) = \frac{G(x)}{\text{Gebundenes Kapital}}$$

$$GKR(x) = \frac{G(x) \text{ vor Zinsen}}{\text{Gebundenes Kapital}}$$

Zusammenfassung 3.6

Statische Amortisationszeit

$$AZ(x) = \frac{AK}{G(x) \text{ vor Abschreibung}}$$

mit

K_{Fix} = Summe aus

$\varnothing$ Personalaufwand $= \dfrac{1}{T} \cdot \dfrac{Perso}{KWFP\,(0,00;\,T;\,p)}$

$\varnothing$ Instandhaltung $= \dfrac{1}{T} \cdot \sum Inst$

$\varnothing$ Generalüberholung $= \dfrac{1}{T} \cdot Gen$

$\varnothing$ Abschreibung $= \dfrac{AK - VK}{T}$

$\varnothing$ Zinsen AV $= \dfrac{AK + VK}{2} \cdot i$

$\varnothing$ Zinsen UV $= Vorräte \cdot i$

mit

Vorräte Material $= k_{var} \cdot Planmenge \cdot \dfrac{Lagerdauer}{365}$

Vorräte Produkte $= Preis \cdot Planmenge \cdot \dfrac{Lagerdauer}{365}$

Gebundenes Kapital $= \dfrac{AK + VK}{2} + Vorräte$

Finanzierungseffekt $= \dfrac{Darl}{2} \cdot (i - i_D)$

Anhang

Anhang 1: Summenformel für die geometrische Reihe

Für $x \neq 1$ und $n \in \mathbb{N}$ gilt:

$$\sum_{k=0}^{n} x^k = \frac{1 - x^{n+1}}{1 - x}$$

Anhang 2: Kapitalwert einer nachschüssigen, konstanten Rente

Bei der Ermittlung des Kapitalwertes einer nachschüssigen, konstanten Rente werden die Rentenzahlungen einzeln abgezinst und addiert.

$$C_0 = \frac{a}{q^1} + \frac{a}{q^2} + \ldots + \frac{a}{q^T}$$

$$C_0 = a \cdot \left(\frac{1}{q^1} + \frac{1}{q^2} + \ldots + \frac{1}{q^T} \right)$$

$$C_0 = a \cdot \sum_{t=1}^{T} \left(\frac{1}{q}\right)^t$$

Für die Anwendung der Summenformel für die geometrische Reihe ist $x = 1/q$, $k = t$ und $n = T$. Dabei darf der Zins nicht Null sein, da sonst $1/q = 1$ wäre und somit durch Null geteilt werden würde. Weiterhin muss eine künstliche Null addiert werden, um die Summe bei $t = 0$ starten zu lassen. Die Summe lässt sich wie folgt in den Kehrwert des KWF umformen:

$$C_0 = a \cdot \left(\sum_{t=1}^{T} \left(\frac{1}{q}\right)^t + \left(\frac{1}{q}\right)^0 - \left(\frac{1}{q}\right)^0 \right)$$

$$C_0 = a \cdot \left(\sum_{t=0}^{T} \left(\frac{1}{q}\right)^t - 1 \right)$$

Anhang

$$C_0 = a \cdot \left(\frac{1 - \left(\frac{1}{q}\right)^{T+1}}{1 - \frac{1}{q}} - 1 \right)$$

$$C_0 = a \cdot \frac{1 - \left(\frac{1}{q}\right)^{T+1} - 1 + \frac{1}{q}}{1 - \frac{1}{q}}$$

$$C_0 = a \cdot \frac{\frac{1}{q} - \left(\frac{1}{q}\right)^{T+1}}{\frac{q-1}{q}}$$

$$C_0 = a \cdot \frac{1 - \left(\frac{1}{q}\right)^{T}}{i}$$

$$C_0 = a \cdot \frac{\frac{q^T - 1}{q^T}}{i}$$

$$C_0 = a \cdot \frac{q^T - 1}{i \cdot q^T}$$

$$C_0 = \frac{a}{KWF}$$

Anhang 3: Kapitalwert einer nachschüssigen, veränderlichen Rente

Bei einer nachschüssigen, veränderlichen Rente erfolgt die erste Rentenzahlung a_1 zum Zeitpunkt t = 1. Alle übrigen Rentenzahlungen ergeben sich rekursiv durch folgende Formel:

$a_t = a_{t-1} \cdot p$ für alle t = 2, ..., T

Oder anders ausgedrückt:

$a_t = a_1 \cdot p^{t-1}$ für alle t = 2, ..., T

Für die Anwendung der Summenformel für die geometrische Reihe ist x = p/q und es muss q ≠ p gelten, da sonst durch Null dividiert werden würde. Neben der Addition einer künstlichen Null ist zuvor eine Indexverschiebung notwendig, da q und p unterschiedliche Exponenten aufweisen.

$$C_0 = \frac{a_1 \cdot p^0}{q^1} + \frac{a_1 \cdot p^1}{q^2} + \ldots + \frac{a_1 \cdot p^{T-1}}{q^T}$$

$$C_0 = a_1 \cdot \left(\frac{p^0}{q^1} + \frac{p^1}{q^2} + \ldots + \frac{p^{T-1}}{q^T}\right)$$

$$C_0 = a_1 \cdot \frac{1}{p} \cdot \sum_{t=1}^{T} \left(\frac{p}{q}\right)^t$$

$$C_0 = a_1 \cdot \frac{1}{p} \cdot \left(\sum_{t=1}^{T} \left(\frac{p}{q}\right)^t + \left(\frac{p}{q}\right)^0 - \left(\frac{p}{q}\right)^0\right)$$

$$C_0 = a_1 \cdot \frac{1}{p} \cdot \left(\sum_{t=0}^{T} \left(\frac{p}{q}\right)^t - 1\right)$$

$$C_0 = a_1 \cdot \frac{1}{p} \cdot \left(\frac{1 - \left(\frac{p}{q}\right)^{T+1}}{1 - \frac{p}{q}} - 1\right)$$

$$C_0 = a_1 \cdot \frac{1}{p} \cdot \frac{1 - \left(\frac{p}{q}\right)^{T+1} - 1 + \frac{p}{q}}{1 - \frac{p}{q}}$$

$$C_0 = a_1 \cdot \frac{1}{p} \cdot \frac{\frac{p}{q} - \left(\frac{p}{q}\right)^{T+1}}{\frac{q - p}{q}}$$

$$C_0 = a_1 \cdot \frac{1 - \left(\frac{p}{q}\right)^T}{q - p}$$

$$C_0 = \frac{a_1}{KWFP}$$

Anhang 4: Kapitalwert einer vorschüssigen, konstanten Rente

Wie bei der nachschüssigen, konstanten Rente darf der Zins nicht Null sein. Für die Anwendung der Summenformel für die geometrische Reihe muss bei einer vorschüssigen Rente eine künstliche Null in der Weise addiert werden, dass die Summe bis t = T geht.

Anhang

$$C_0 = a + \frac{a}{q^1} + \frac{a}{q^2} + \ldots + \frac{a}{q^{T-1}}$$

$$C_0 = a \cdot \left(\frac{1}{q^0} + \frac{1}{q^1} + \frac{1}{q^2} + \ldots + \frac{1}{q^{T-1}}\right)$$

$$C_0 = a \cdot \sum_{t=0}^{T-1} \left(\frac{1}{q}\right)^t$$

$$C_0 = a \cdot \left(\sum_{t=0}^{T-1} \left(\frac{1}{q}\right)^t + \left(\frac{1}{q}\right)^T - \left(\frac{1}{q}\right)^T\right)$$

$$C_0 = a \cdot \left(\sum_{t=0}^{T} \left(\frac{1}{q}\right)^t - \left(\frac{1}{q}\right)^T\right)$$

$$C_0 = a \cdot \left(\frac{1 - \left(\frac{1}{q}\right)^{T+1}}{1 - \frac{1}{q}} - \left(\frac{1}{q}\right)^T\right)$$

$$C_0 = a \cdot \frac{1 - \left(\frac{1}{q}\right)^{T+1} - \left(\frac{1}{q}\right)^T + \left(\frac{1}{q}\right)^{T+1}}{1 - \frac{1}{q}}$$

$$C_0 = a \cdot \frac{1 - \left(\frac{1}{q}\right)^T}{\frac{q-1}{q}}$$

$$C_0 = a \cdot q \cdot \frac{1 - \left(\frac{1}{q}\right)^T}{i}$$

$$C_0 = a \cdot q \cdot \frac{\frac{q^T - 1}{q^T}}{i}$$

$$C_0 = a \cdot q \cdot \frac{q^T - 1}{i \cdot q^T}$$

$$C_0 = \frac{a}{KWF} \cdot q$$

Anhang 5: Kapitalwert einer vorschüssigen, veränderlichen Rente

Bei einer vorschüssigen, veränderlichen Rente erfolgt die erste Rentenzahlung a_0 zum Zeitpunkt $t = 0$. Die übrigen Rentenzahlungen ergeben sich rekursiv wie folgt:

$$a_t = a_{t-1} \cdot p \qquad \text{für alle } t = 1, \ldots, T-1$$

Oder anders formuliert:

$$a_t = a_0 \cdot p^t \qquad \text{für alle } t = 1, \ldots, T-1$$

Wie bei der nachschüssigen, veränderlichen Rente muss $q \neq p$ gelten. Für die Anwendung der Summenformel für die geometrische Reihe ist keine Indexverschiebung notwendig, da q und p aufgrund der Vorschüssigkeit denselben Exponenten aufweisen. Allerdings wird wieder eine künstliche Null für $t = T$ benötigt.

$$C_0 = a_0 + \frac{a_0 \cdot p^1}{q^1} + \frac{a_0 \cdot p^2}{q^2} + \ldots + \frac{a_0 \cdot p^{T-1}}{q^{T-1}}$$

$$C_0 = a_0 \cdot \left(\frac{p^0}{q^0} + \frac{p^1}{q^1} + \ldots + \frac{p^{T-1}}{q^{T-1}} \right)$$

$$C_0 = a_0 \cdot \sum_{t=0}^{T-1} \left(\frac{p}{q}\right)^t$$

$$C_0 = a_0 \cdot \left(\sum_{t=0}^{T-1} \left(\frac{p}{q}\right)^t + \left(\frac{p}{q}\right)^T - \left(\frac{p}{q}\right)^T \right)$$

$$C_0 = a_0 \cdot \left(\sum_{t=0}^{T} \left(\frac{p}{q}\right)^t - \left(\frac{p}{q}\right)^T \right)$$

$$C_0 = a_0 \cdot \left(\frac{1 - \left(\frac{p}{q}\right)^{T+1}}{1 - \frac{p}{q}} - \left(\frac{p}{q}\right)^T \right)$$

$$C_0 = a_0 \cdot \frac{1 - \left(\frac{p}{q}\right)^{T+1} - \left(\frac{p}{q}\right)^T + \left(\frac{p}{q}\right)^{T+1}}{1 - \frac{p}{q}}$$

$$C_0 = a_0 \cdot \frac{1 - \left(\frac{p}{q}\right)^T}{\frac{q-p}{q}}$$

$$C_0 = a_0 \cdot q \cdot \frac{1 - \left(\frac{p}{q}\right)^T}{q - p} \qquad C_0 = \frac{a_0}{KWFP} \cdot q$$

Anhang

Anhang 6: Daten und Ergebnisse für Maschine A

- $i = 0,1$ ($i_D = 0,06$)
- $T = 5$
- $x = 2.200$ ME pro Jahr
- db je ME   Euro   48,00
- AK Beginn 1. Jahr   Euro   100.000,00
- VK Ende 5. Jahr   Euro   10.000,00
- Perso pro Jahr nachschüssig mit 2 % Steigerung   Euro   60.000,00
- Inst pro Jahr nachschüssig   Euro   5.000,00
- Gen Ende 3. Jahr   Euro   20.000,00

Zahlungsreihe					
-100.000,00	40.600,00	39.400,00	18.176,00	36.927,52	45.654,07
Darlehensreihe 6 %					
100.000,00	-23.739,64	-23.739,64	-23.739,64	-23.739,64	-23.739,64
Zusammengefasste Zahlungsreihe					
0,00	16.860,36	15.660,36	-5.563,64	13.187,88	21.914,43

Kapitalwertformel

$$C_0 = -100.000,00 + \frac{48,00}{\text{KWF}(0,1;5)} \cdot 2.200 - \frac{60.000,00}{\text{KWFP}(0,1;5;1,02)}$$

$$- \frac{5.000,00}{\text{KWF}(0,1;5)} - \frac{20.000,00}{1,1^3} + \frac{10.000,00}{1,1^5}$$

$$+ \left(100.000,00 - \frac{23.739,64}{\text{KWF}(0,1;5)}\right)$$

Kapitalwertfunktion in Abhängigkeit von der Menge

$$C_0(x) = -363.610,54 + \frac{48,00}{\text{KWF}(0,1;5)} \cdot x + (10.008,09)$$

Kapitalwert

    36.696,55   (46.704,64)

Break-even-Menge

    1.998,32   (1.943,32)

Anhang 7: Daten und Ergebnisse für die Maschinen B und C

- $i = 0{,}08$ ($i_D = 0{,}05$)
- $T = 10$
- $x = 5.000$ ME pro Jahr

	Maschine B	Maschine C
– db je ME	Euro 60,00	Euro 70,00
– AK Beginn 1. Jahr	Euro 800.000,00	Euro 1.500.000,00
– VK Ende 10. Jahr	Euro 50.000,00	Euro 80.000,00
– Perso pro Jahr nachschüssig mit 2 % Steigerung	Euro 60.000,00	Euro 40.000,00
– Inst pro Jahr nachschüssig	Euro 20.000,00	Euro 12.000,00
– Gen Ende 5. Jahr	Euro 140.000,00	Euro 90.000,00

Maschine B

Kapitalwertformel

$$C_0 = -800.000{,}00 + \frac{60{,}00}{\text{KWF}(0{,}08;\ 10)} \cdot 5.000 - \frac{60.000{,}00}{\text{KWFP}(0{,}08;\ 10;\ 1{,}02)}$$

$$- \frac{20.000{,}00}{\text{KWF}(0{,}08;\ 10)} - \frac{140.000{,}00}{1{,}08^5} + \frac{50.000{,}00}{1{,}08^{10}}$$

$$+ \left(800.000{,}00 - \frac{103.603{,}66}{\text{KWF}(0{,}08;\ 10)}\right)$$

Kapitalwertfunktion in Abhängigkeit von der Menge

$$C_0(x) = -1.441.693{,}30 + \frac{60{,}00}{\text{KWF}(0{,}08;\ 10)} \cdot x + (104.811{,}01)$$

Kapitalwert

571.331,10 (676.142,11)

Break-even-Menge

3.580,91 (3.320,58)

Anhang

Maschine C

Kapitalwertformel

$$C_0 = -1.500.000{,}00 + \frac{70{,}00}{\text{KWF}(0{,}08;\,10)} \cdot 5.000 - \frac{40.000{,}00}{\text{KWFP}(0{,}08;\,10;\,1{,}02)}$$

$$- \frac{12.000{,}00}{\text{KWF}(0{,}08;\,10)} - \frac{90.000{,}00}{1{,}08^5} + \frac{80.000{,}00}{1{,}08^{10}}$$

$$+ \left(1.500.000{,}00 - \frac{194.256{,}87}{\text{KWF}(0{,}08;\,10)}\right)$$

Kapitalwertfunktion in Abhängigkeit von der Menge

$$C_0(x) = -1.894.964{,}50 + \frac{70{,}00}{\text{KWF}(0{,}08;\,10)} \cdot x + (196.520{,}59)$$

Kapitalwert

453.564,03   (650.084,62)

Break-even-Menge

4.034,37   (3.615,97)

Maschinen B und C

Indifferenzmenge

6.755,08   (5.388,33)

Anhang 8: Daten und Ergebnisse für Maschine D

- $i = 0{,}1$ ($i_D = 0{,}06$)
- $T = 8$
- $x = 9.000$ ME pro Jahr

– db je ME		Euro	20,00
– AK Beginn 1. Jahr		Euro	400.000,00
– VK in	$t = 0$	Euro	400.000,00
	$t = 1$	Euro	300.000,00
	$t = 2$	Euro	240.000,00
	$t = 3$	Euro	200.000,00
	$t = 4$	Euro	170.000,00
	$t = 5$	Euro	140.000,00
	$t = 6$	Euro	150.000,00
	$t = 7$	Euro	80.000,00
	$t = 8$	Euro	20.000,00
– Perso pro Jahr nachschüssig		Euro	30.000,00
– Inst pro Jahr nachschüssig mit digitaler Steigerung um Euro 2.000,00		Euro	2.000,00
– Gen Ende 6. Jahr		Euro	100.000,00

Zahlungsreihe ohne Verkaufserlös								
-400,00	148,00	146,00	144,00	142,00	140,00	38,00	136,00	134,00

Kapitalwerte ohne Verkaufserlös								
-400,00	-265,45	-144,79	-36,60	60,38	147,31	168,76	238,55	301,06

Kapitalwerte mit Verkaufserlös								
0,00	7,28	53,56	113,66	176,49	234,24	253,43	279,60	310,39

Annuitäten mit Verkaufserlös								
	8,01	30,86	45,70	55,68	61,79	58,19	57,43	58,18

Darlehensraten 6 %								
	424,00	218,17	149,64	115,44	94,96	81,35	71,65	64,41

Kapitalwerte mit Verkaufserlös und Darlehen								
	21,83	74,91	141,52	210,57	274,27	299,15	330,76	366,74

Annuitäten mit Verkaufserlös und Darlehen								
	24,01	43,16	56,91	66,43	72,35	68,69	67,94	68,74

Literatur

Adam, D. (2000): Investitionscontrolling, 3. Auflage, München/Wien.

Blohm, H., Lüder, K., Schäfer, C. (2006): Investition, 9. Auflage, München.

Busse von Colbe, W., Laßmann, G. (1990): Betriebswirtschaftstheorie III, Investitionstheorie, 3. Auflage, Berlin/Heidelberg/New York/Tokio.

Däumler, K.-D. (1996): Anwendung von Investitionsrechnungsverfahren in der Praxis, 4. Auflage, Herne/Berlin.

Däumler, K.-D., Grabe, J. (2007): Grundlagen der Investitions- und Wirtschaftlichkeitsrechnung, 12. Auflage, Herne/Berlin.

Kruschwitz, L. (2007): Investitionsrechnung, 11. Auflage, Berlin/New York.

Perridon, L., Steiner, M. (2007): Finanzwirtschaft der Unternehmung, 14. Auflage, München.

Schäfer, H. (2005): Unternehmensinvestitionen, Grundzüge in Theorie und Management, 2. Auflage, Heidelberg.

Staehelin, E., Suter, R., Siegwart, N. (1998): Investitionsrechnung, 9. Auflage, Chur/Zürich.

Mehr wissen – weiter kommen

Souverän von der Uni in den Job

Der neue Berufs- und Karriere-Planer Wirtschaft 2008 | 2009 ist der passgenaue Ratgeber für alle Kandidaten und Absolventen der Wirtschaftswissenschaften, die nach dem Examen in den Beruf durchstarten wollen. Er begleitet die letzte Studienphase mit den besten Lern- und Organisationstipps, bietet Entscheidungshilfen für Zusatz- oder Weiterqualifikation sowie Orientierung im Dschungel der Bildungsanbieter.

Aktuelle Arbeitsmarktanalysen mit wichtigen Brancheninfos sowie die Specials „Banken & Versicherungen", „Handel", „Logistik" und „Health Care" vermitteln Einblick in alle wichtigen Bereiche und informieren über den Jobeinstieg sowie gefragte Qualifikationen.

Im Fokus des Buchs steht ein hochkarätiger Bewerberleitfaden. Die praktische Anleitung befasst sich mit allen Aspekten des Bewerbungsprozesses und lässt keine Fragen offen. Das patente Know-how hilft beim Erstellen der Unterlagen, der erfolgreichen Vorbereitung von Vorstellungsgesprächen, ACs oder Job-Messen und mündet in die ultimativen Dos & Don'ts der Bewerbungsprofis Hesse/Schrader.

Nützliche Karriere-Tools und ein kleiner Business-Knigge unterstützen den überzeugenden Auftritt beim Antritt in der Arbeitswelt.

„Ein Handbuch, das in keinem Bücherschrank fehlen sollte ..."
Hochschul-Anzeiger

Gabler| MLP Berufs- und
Karriere-Planer Wirtschaft
2008 | 2009
Für Studenten und
Hochschulabsolventen
Mit zahlreichen Stellenanzeigen
und Firmenprofilen
11., vollst. überarb. u. akt. Aufl. 2008.
XVIII, 462 S.
Br. EUR 19,90
ISBN 978-3-8349-0768-4

Änderungen vorbehalten. Stand: Juli 2008.
Erhältlich im Buchhandel oder beim Verlag
Gabler Verlag . Abraham-Lincoln-Str. 46 . 65189 Wiesbaden . www.gabler.de

Printed by Books on Demand, Germany